地方性建筑与适宜技术

陈晓扬　仲德崑　著

中国建筑工业出版社

图书在版编目(CIP)数据

地方性建筑与适宜技术/陈晓扬，仲德昆著.-北京：中国建筑工业出版社，2007
ISBN 978-7-112-09561-2

Ⅰ.地… Ⅱ.①陈… ②仲… Ⅲ.建筑设计－中国 Ⅳ.TU2

中国版本图书馆CIP数据核字(2007)第128486号

本书立足于中国的具体国情与地方现实条件，从自然、经济和文化三个方面探讨了地方性建筑中适宜技术的应用：即地方性建筑与当地自然气候条件的关系以及适宜技术如何保护和回应地方自然环境；地方性建筑与当地经济条件的关系以及适宜技术如何适应并促进地方经济；地方性建筑与当地文化的关联以及适宜技术如何回应并发展地方文化。书中实例翔实，可供建筑相关专业的设计、研究人员以及学生阅读参考。

* * *

责任编辑：许顺法 王莉慧
责任设计：董建平
责任校对：王雪竹 孟 楠

地方性建筑与适宜技术
陈晓扬 仲德昆 著
*
中国建筑工业出版社出版、发行(北京西郊百万庄)
各地新华书店、建筑书店经销
北京嘉泰利德公司制版
北京二二〇七工厂印刷
*
开本：787×1092 毫米 1/16 印张：10¼ 字数：187千字
2007年12月第一版 2007年12月第一次印刷
印数：1—3000册 定价：28.00元
ISBN 978-7-112-09561-2
(16225)

前　　言

全球化与地方性建筑、现代与传统……这些概念的讨论充斥了当代建筑领域，在建筑实践中人们也往往自觉或不自觉地在思考这些问题。本书从技术的角度来重新对这些问题给予解答，希望能帮助读者建立起一个理性的认识架构。倘若您在以后的设计或者学习中能多一分时间来思考建筑如何存在于“此时此地”的问题，那本书的目的就达到了。

全球化的趋势不可避免，各个国家和地区都不能置身其外。一方面，全球化使得世界趋向一体化，资源配置更为合理，各国家或地区都从资源及信息共享中获益。另一方面，现代工业技术在环境和文化方面的负面效应也随之扩散。许多发展中国家在获得快速经济增长的同时也付出了沉重的代价。欧美文化的强势传播给地方文化带来冲击，许多国家对自己民族文化的丧失感到忧虑。建筑领域亦是如此。一方面，全球化有利于地方性建筑现代化。另一方面，资源消耗型的建筑发展模式对地方生态环境构成了极大压力，地方建筑文化也存在被消解的危险。正是在这样一种背景之下，对地方性建筑的研究具有多重意义，它不仅是对地方建筑文化的再挖掘，同时也为地方性建筑现代化提供了多样性。然而，也正是在这种似乎合理的前提下，产生了很多与时代或者与地方并不吻合的所谓地方性建筑。在我国地方性建筑实践的过程中，传统的复兴、符号的借用以及立面的拼贴往往被当作是地方性建筑的标签，其中少有对地方气候、地方技术或者地方建筑文化的深层次认知。所以，多数地方性建筑要么呈现为消极的乡土建筑，要么就是穿上传统衣裳的现代建筑。什么是真正意义上的地方性，地方性如何才能融于全球化，对于这些问题在当代应该重新给予理性的思考。

全球化与地方化的关系最终可归结为现代技术与地方自然、经济和文化的关系。地方性建筑处于一种敏感地位，单纯拒绝全球化的地方化不可避免地陷入狭隘主义深渊。地方性的正确定位在于它是否能够恰当对待现代技术。一方面现代技术的伟大进步毋庸质疑，另一方面它对于地方环境的忽视引发一系列严重社会问题。可持续发展思想建立在对现代技术反思的基础上，它为地区发展指明了一条不同以往的发展方向。本书从技术的角度出发研究地方性建筑，乃是直接切入要害，在关键线索上探讨地方性建筑的当代走向。

在此前提下，本书阐述可能的技术选择——适宜技术，它批判并继承现代技术，并吸收传统技术的科学部分，它本身具有鲜明的地方性。适宜技术适应于渐进式发展模式，尤其在徘徊于现代与传统之间的发展中国家和地区，对保护和发展地方文化能起到积极作用。另外，应批判地看待地方性。只有在融入全球化的基础上积极提倡地方特色，在吸收现代技术精髓的前提下提炼传统技术才是可持续发展之道。由于西方先进技术的示范效应，以及对适宜技术的偏见，它的研究在我国早虽已起步却发展缓慢，然而随着可持续发展思想的普遍接受，它的意义被重新发掘。

本书从建筑技术的角度考察地方性建筑，所以地方性建筑与建筑技术都是本书涉及领域。首先基于批判性思维树立起正确的当代地方性建筑以及适宜技术的概念，然后寻求地方性建筑与适宜技术的关联，将之整合，建构基于地方性建筑的适宜技术观。本书包含了对多个命题的思考：地方性建筑在全球化语境中的定位；地方性与现代性的辩证关系；传统和现代的辩证关系；现代技术在全球化进程中的角色以及它对地方文化的多重作用；现代技术的反思以及可持续发展战略对技术的新要求；地区具体条件对技术的现实约束。

为建立起基于地方性建筑的适宜技术观，本书在三个子层次上进行阐述：地方性建筑与当地自然气候条件的关系以及适宜技术如何保护和回应地方自然环境；地方性建筑与当地经济条件的关系以及适宜技术如何适应并促进地方经济；地方性建筑与当地文化的关联以及适宜技术如何回应并发展地方文化。

本书以一种批判性的视角看待各种理论学说，力图澄清谬误而理性地看待当前地方性建筑和技术观。论述中借鉴了当代批判哲学、现代性理论、技术社会学和技术经济学的研究成果。在实践应用方面，立足于中国的具体国情与地方现实条件的基础上，从自然、经济和文化三个方面探讨了地方性建筑中适宜技术的应用。书中实例翔实，对建筑相关专业的设计、研究人员以及学生有一定参考作用。

注："适宜技术"翻译自英语的 Appropriate Technology (AT)，国内也有人将其翻译成"适用技术"或"适度技术"，这几个概念可以互用。

目　录

第一章　适宜技术

第一节　社会背景

适宜技术理论是基于对现代技术和传统发展观的反思而逐渐形成，这种反思同时发生在发达国家和发展中国家。现代技术对人类文明的进步作用是毋庸质疑的，但它所带来的问题也同样尖锐复杂。技术历来都是双刃剑，而现代技术的两面性得到了空前强化。在现代技术起源的西方发达国家，资金密集型与能源密集型技术创造了巨大的财富，也带来如能源枯竭和污染加剧等一系列问题。许多发展中国家在引进西方先进技术振兴民族经济的同时，亦经历了现实与理想的背离。他们片面地理解后发优势而照搬西方发达国家发展模式，在技术发展战略上把西方式的工业化等同于现代化。结果经过多年的实践，经济虽然获得了发展，但也带来资源紧张、环境恶化和文化断裂等副作用。追求经济效益最大化的现行发展模式不可避免地破坏了生态系统的稳定性，导致随之而来不可逆转的自然资源的损失。因乱砍乱伐导致水土流失和江河泛滥；因过度放牧而导致土壤沙化；为增加税收而对污染企业的放任导致环境恶化。这些短期行为所带来的利益远低于预期。而且在技术转移过程中，有些发达国家向技术输入国提出许多不合理的附加要求，这实际上是一种技术殖民主义，严重损害了自由与民主。

建筑的发展同样面临种种困惑，探求解决方法是当代每一个建筑师的责任。面临生态危机和资源压力，建筑界亦开始反思现代工业革命以来技术理性主义和技术完美主义对建筑的负面影响。忽视自然环境的建设开发造成水土流失、土壤结构破坏、大量的垃圾的排放，严重威胁生态系统。以人工环境为主宰的现代建筑消耗巨大的能源和资源，建筑建设和使用过程中的能耗竟占到全球总能耗的45%。发展中国家在照搬现代建筑模式的同时，也引进了这种高能耗的发展模式，并且由于技术落后，为此付出了更沉重的代价。中国的建筑产业一直是粗放经营，建筑能耗的平均能源利用率为30%，只相当于发达国家的1/3左右[1]。所幸的是，最近几年社会对

1 数据来源：赖明．建筑与可持续发展．中国绿色建筑/可持续发展建筑国际研讨会论文集，北京：中国建筑工业出版社，2001，p9

建筑节能问题开始予以重视。另外，在工业社会迈向信息社会，全球经济与文化大融合的时候，全球化给世界资源和科技文化提供了优化配置，同时也对地方文化构成巨大影响。或把这看成是一种机遇，或当作是一种威胁，建筑领域纷争四起。

现代技术的副作用集中体现在自然、社会和人的异化等方面，产生的相应问题如生态危机、价值失落和文化断裂等。要寻求一种更为合理的技术，并不能够单在技术领域内自我实现，而要返回到深层次的发展观问题上进行再思索。传统发展观的思想基础是“以人为本”，它来源于古希腊的人本主义思想。在文艺复兴时期它是人类思想解放启蒙运动的一面旗帜，可以说是它把人类社会带入了一个崇尚和追求科学与技术的时代。这种思想同时也把人类自身定位成超越和主宰自然界的角色。在人类征服自然的过程中确实快速实现了社会进步和经济增长，前所未有的成绩进一步刺激了人类社会对资源的掠夺式开发，其强度大大超过环境承受力。实际上，西方国家实现现代化的历史正是建立在掠夺和剥削他人的基础之上，是以一部分人为本，非以所有人为本，而且这种情况还在继续着。可持续发展观是观念上的重大突破，它强调的是自然、经济和社会的协调发展，其关注重心从人转移到了环境与资源上。当然，人本身是内在于广义的环境之中，人的能动性并没有被否认，只是以更加理性的形式被确立——这种能动性以环境与资源的承受力为前提。可见，人与自然的协调是可持续发展思想的要旨所在。

观念的突破后需要的是有效的实践，在可持续发展思想普遍被接受的当代，实践活动还处在初步阶段。现代技术的发展正处于一个十字路口，存在多重的可能性。如果说发展观是一个纲领，那技术就是实施工具，技术路线的选择是实践的第一步。适宜技术是众多技术理论中的一个重要分支。适宜技术观是可持续发展思想在技术层次上的映射，它所寻求的正是自然、经济与社会协调发展的结合点。

第二节　适宜技术理论的发展概述

1. 适宜技术理论的历史沿革

在对现代技术反思的过程中出现了多元化的技术理论，它们各有偏重，有些侧重于解决全球生态危机，有些侧重于解决不发达地区的发展问题。这些学说互为关联且相互影响。一种学说本身也是随着与其他学说的交流和互补中逐渐完善起来的，所以，要全面理解适宜技术，就有必要理清楚它的整个发展过程，并知晓其他相关学说对它的影响。

(1) 埃鲁尔的技术批判学说

适宜技术思想的萌芽最初可追溯到20世纪30年代法国技术哲学家雅·埃鲁尔（Jacgues Ellul）的技术学说。他在《适宜技术的政治学》(1935)等著作中，批评现代技术由于以追求最大利润为己任，导致权力和财富过于集中，它的发展不再是以提高广大人民生活水平为目标。他期盼一种适宜的技术，它应该关怀个人自由和人权。埃鲁尔关注技术的地方性，他认为技术的特征是由其与具体环境和社会的相互关系而界定，"由于技术受地理上的和历史上的限制，各种形态的社会才得以存在。"[1]最初的适宜技术思想带有明显的社会伦理道德色彩。

(2) 中间技术论

主要针对发展中国家在发展过程中出现的问题，英国经济学家舒马赫于1960年代在他的著作《小的是美好的》一书中提出了"中间技术"理论。这是首次比较系统全面地论述了一种适宜技术的概念，一般被认为是适宜技术理论建立的雏形。后来的各种适宜技术理论莫不与它有千丝万缕的联系。舒马赫是在访问印度之后，受到甘地发展小规模农村技术思想的影响而提出的适宜技术概念，所以中间技术的目标就是解决农村或不发达地区的发展问题。舒马赫主要着眼于技术与经济的关系，同时又主张技术应当与自然相谐，在这一点上他推崇佛教经济学，认为"劳动是获得发展的机会，克服自私自利，生产恰当生存所需要的商品和劳务，人应当通过劳动和最佳消费方式获得最大满足"[2]。他认为"中间技术"就是充满智慧且朝这种方向前进的技术。这是一种大众生产技术，与资金密集、高度耗能、破坏生态的大型产业技术对立；它利用最好的现代知识和经验，在生态原则的基础上致力于权力分散，谨慎地使用稀有资源，所以它对自然界的破坏也是微小的；它又是一种劳动密集型技术，依赖双手和大脑，使知识、经验和资源有效地服务于人类，而不是使人成为机器或技术的奴隶，所以它是富于人性和创造性的技术。"中间技术"的适宜性主要表现在经济成本方面。舒马赫是这么定义的："如果把发展中国家的本地技术称为一英镑技术，发达国家的工业技术称为一千英镑技术，那么介于一英镑和一千英镑之间的技术就是中间技术，……在技术水平上，中间技术是介于镰刀和拖拉机之间，或者说是介于非洲切刀和联合收割机之间的技术，与土技术比，生产率要高得多，与资本高密度的现代工业技术相比，又要便宜得多。"[3]由于

---

1 J.Ellul. the Technological Society. New York:Random House,1964，转引自康荣平．适宜技术（经济百科全书）．中国大百科全书出版社，1987，p685

2 [英] E.F.舒马赫．小的是美好的．虞鸿钧等译，北京：商务印书馆，1984，p32

3 同上，p121

价格的低廉，这种技术基本人人可享有，可以创造大量的就业机会。“中间技术”从地方技术水平和经济条件出发来规定技术选择的方向，认为一种技术的普及与这个社会能够接纳这种技术的能力有关，任何高于或低于这种能力的技术选择都会对这个社会的发展产生不利影响。舒马赫所主张的技术适宜性其实来源于技术的地方性，这是“中间技术”理论的重要内容。舒马赫所主张的适宜技术具有以下典型特征：低成本；使用地方材料；劳动密集型；小型规模；尽量使用可再生资源。

(3) 替代技术和软技术论

替代技术是英国人丹皮特 · 杰克逊和罗宾 · 克拉克共同倡导并发展的一种技术理论，克拉克又称这种技术为“软技术”。他 1974 年出版的《替代技术与技术革命的政治》较系统的阐述了这种理论。他们所倡导的替代技术是与巨型集约化现代技术完全不同的另一种技术，他们称它是一种“以确保衣食住行为大前提，不产生公害和浪费的技术”[1]。这种技术理论主要强调技术与自然的协调，并主张在管理模式上要适应人的需要而实行分权。与中间技术相似，它也倡导小型灵活的和劳动密集型的经济形式。

这种技术论与 20 世纪 70 年代西方绿党所倡导的“绿色运动”有直接关联。绿党把工业机械技术称为“硬技术”，而他们所提倡的是与之对立的软技术，它是温和而具有弹性和缓冲性的技术。在能源选择上，大力提倡利用可再生的能源如风力、水力、太阳能和地热等；在资源利用上，反对工业技术浪费式的生产方法，主张采用再循环技术对资源进行多次利用，减少废品的产生；在生态环境的保护上，提出要减少三废的排放，高度重视水、森林、土壤等资源的保护。软技术的目标旨在实现超越工业现代化的“生态现代化”。

无论是替代技术或是软技术，都主张在保护自然环境的前提下满足人的合理需要和社会的适度发展，以相对小规模分散化和劳动密集型产业来解决生产问题。这其实是继承并发展了中间技术理论，它们是之后绿色技术或生态技术理论的前身。至此，技术适宜性的研究牵涉到两个方面，一方面是生态环境的保护问题，另一方面是不发达地区的发展问题。

(4) 梯度技术论

梯度技术论是直接由中间技术论所派生的，它主要针对的是不发达地区的技术选择问题。这种理论认为，技术有明显的地方性，不同地区存在技术差异，这种差异性由地方经济水平和科技水平所决定。这种差异现象被称为技术的梯度现象。由于技术位差的存在，技术会从高梯度技术地区向低梯度技术地区转

---

1 星野芳郎．未来文明的原点．毕晓辉等译，哈尔滨：哈尔滨工业大学出版社，1985，p42

移。这种理论关注所转移技术对于技术引入方的适宜性，即考虑引进的技术是否符合当地的人力、物力和财力[1]。根据这种理论，最宜发生转移的并不是那些最先进的技术，而是那些能扎根于当地环境的“中间技术”。但这种适宜性是变化的，随着地区的发展，原来不适宜的技术后来也许具有适宜性。正因为如此，一项技术才得以不断为其他地区所接受，技术扩散得以实现。例如，升板式施工技术于1980年代传入中国，金陵饭店是南京第一例采用这项技术的建筑，当时被视为尖端技术，但通过这个技术示范的影响，周边地区慢慢开始学习接纳，而它如今已成为高层建筑施工中的常规技术。可见，技术的梯度现象也现实决定了技术扩散具有延时性特征。

(5) 雷第的适宜技术论

被广泛采用的适宜技术概念是印度学者A·K·雷第所总结的。他站在发展中国家的立场，从发展中国家的社会实际情况出发，于1975年提出了“适宜技术”理论。这一理论确立了适宜技术的多重目标：(1) 环境目标：节约能源，循环使用各种资源，减少环境污染，以促进各地区生态环境的协调。(2) 社会目标：最大限度地满足人类的最基本要求，提供富有创造性和引人入胜的工作，能与文化传统相互交融，促进社会和睦，并把权力交给人民。(3) 经济目标：消除经济发展的不平衡状态，提供充分的就业机会，采用地方资源并生产地方消费品，把经济引向分散经营[2]。雷第的理论也重视技术选择，主张引进的技术须适应本国生产力现状、市场规模、社会文化环境和技术基础。可见，这时的适宜技术理论已经拓展到了全方位探讨“自然——经济——社会”问题的程度。

(6) 多样技术论

其实适宜技术的概念本身就起源于对一个多样性社会的憧憬，这个社会由自给自足的家园和繁荣的社区所组成。这个系统需要有活力的技术体系来支撑，它不仅仅是一系列小范围孤芳自赏的先进技术示范工程，它更加需要来自群众的智慧和创造力。

“多样技术论”是日本人星野芳郎所提出的。他于1985年出版的《未来文明的原点》对此作了详细论述。和上述其他技术论相似，这种理论也对工业技术破坏生态环境的弊端持批评态度。他认为工业技术是以定量化、集中化和分工化为特征，而自然本身是经常流动着、变化着和循环着的，随着巨型工业技术的迅猛发展，两者必然产生碰撞。基于此，他积极支持中间技术或适宜技术。他说到：“只有在有限的时间和空间里才可能搞定量化、集中化和分工化，而将无限的自然本身当作一个系统来控制的时候，必须尊重自然的流动性、分散

1 斋藤优．技术转移理论与政策．东北工学院出版社，1980，p270

2 星野芳郎．未来文明的原点．毕晓辉等译，哈尔滨：哈尔滨工业大学出版社，1985，p225

性和循环性，只有这样才能巧妙地控制它。”[1]但是，多样技术论对大型技术的态度亦留有余地。星野芳郎认为“中间技术论”、“替代技术论”或者“适宜技术论”等等只看到大批量生产的弊端而忽视了它的优越性。大型工业技术虽不具有绝对的普遍性，但为了适应未来社会日益增长的需要，它的作用不可替代。它不仅能有效降低产品价格，并且使劳动时间也大幅下降从而把人解放出来。而现实发生的劳动异化问题，他归咎于政治制度问题，提出自治型的社会主义制度是解决良方。他认为，那种完全否定大型工业技术并提倡封闭社会自给自足的技术论忽视了现代社会中不同地区的相互关联，所以单一的巨型技术当然应被否定，而单一的小规模技术也不可取。他主张用“两条腿”走路，他说：“当不是由闭塞的地区而是由开放的地区性自治联合体来形成国家的时候，就不仅能实行适宜技术和中间技术，而且能保留这种大批量生产体制的优点。”[2]他还指出现代人类的生态环境问题不是依靠单项技术的开发所能解决的，而必须依赖于整个技术体系的历史性转变。“多样技术论”正是基于对技术体系的整体思考而提出的，这种理论理性综合地考虑了生态问题和人类自身的发展问题，认为技术体系的确立，既要符合生态环境的多样性要求，又要满足人类多方面的发展要求。所以多样性的技术格局才是未来社会的必然选择。归根结底，无论是多不发达的地区，都不应不假思索地拒绝或抛弃先进技术，而是需要依据科学的原则来筛选技术的发展，从而在更高的层次建立起人与自然的和谐关系。

(7) 可持续发展思想

可持续发展思想是一种发展观而非技术观，但是它对适宜技术的发展却起到了关键的指导作用。在传统发展战略思想指导下，生产和发展是以沉重的人口、环境和资源代价来换取的。可持续发展思想的核心，在于正确规范两大基本关系：一是“人与自然”之间的关系；二是“人与人”之间的关系。人与自然之间相互适应和协同进化是可持续发展的“外部条件”；而人与人之间相互尊重、平等互利以及当代的发展不以危及后代的生存与发展为代价等等，是可持续发展的“内在条件”[3]。在可持续发展的复杂系统中，自然的规律与人文的规律都应被充分认识，它的核心问题就是**环境问题**和**发展问题**。它纠正了以往只注重发展问题的严重弊端，把关注重心从人类自身转向了更广大范围的生物圈。1992 年联合国环境与发展大会制定并通过了《全球 21 世纪议程》，为在全球范围推进可持续发展战略提供了行动纲领。可持续发展概念和纲领的提出，是人类迈向共同未来的可靠保证。中国政府也根据具体国情制定和发布了

---

1 星野芳郎．未来文明的原点．毕晓辉等译，哈尔滨：哈尔滨工业大学出版社，1985，p225

2 同上

3 中国科学院可持续发展研究组．中国可持续发展战略报告．北京：科学出版社，2000，p12

《中国21世纪议程——中国21世纪人口、环境与发展白皮书》，将实施可持续发展战略纳入了国民经济和社会发展计划中。可见，走可持续发展的道路是当前和今后中国经济和社会发展的必然选择。

建筑作为一个与自然、社会、经济和人类生活息息相关的载体，它的可持续性尤其重要。可持续发展思想对建筑领域的影响集中体现于可持续建筑观。它有别于一般的建筑流派思想，因为它强调的不是形式和风格等问题，而是技术以及解决问题的方式。它不再把建筑视为人类可任意强加于地球的东西，而从更高层次综合考虑建筑所造成的影响，这是可持续建筑观的基本出发点。中国可持续建筑不仅要承担环境义务，如减轻和消除全球变暖、臭氧损耗、植被破坏、土壤流失等问题，还要针对中国国情承担发展义务，如就业问题、土地紧张、能源短缺和文化延续等。

可持续发展需要技术的支撑。就适宜技术的产生和发展来看，它是一种能支撑可持续发展的技术体系。这一技术理论正是以实现可持续发展为目标，在发展过程中逐渐完善成熟。

2．综合评述

(1) 超越论——实证论——辩证综合

在对现代技术的态度问题上，以上各种技术理论分化为两大对立的阵营，即超越论和实证论[1]。

---

1 对现代技术的争论实际上就是对现代性的争论，它贯穿了整个现代哲学的发展历史。实证主义倡导技术理性，是现代性的支持方。哈贝马斯是这样定义实证主义的："它的任务是确立科学的真实身份，给科学以特权，使之成为知识惟一的合法形式，以及成为获得系统认识过程的惟一道路。"可见，理性在实证主义中具有至高无上的地位。现代性中理性主义根基来自于从笛卡儿开始的反思哲学，后被黑格尔完善和发展。在黑格尔那里，理性获得了空前的自由，它是自律、自思的，它是一切目的的目的，也是实现目标的动力，而所有一切（包括自然界、人类社会等）都不过是理性的外现和展开。

后现代主义是对现代性进行质疑和批判的主要思潮，代表人物有胡塞尔、海德格尔、福柯、利奥塔等人。他们运用批判哲学的武器，从各方面对现代性的信条进行了深入的剖析，昭示了现代性潜伏的危机。有些学者甚至向世人宣告现代性已经结束或即将终结，人类业已进入非中心指向的后现代社会。在他们看来，理性、自由等现代性的信条不再是可以实现的理想目标，而是批判和超越本身。后现代主义思潮虽未能提出建设性的解决方案，但它的巨大贡献就在于把反思的机制嵌入了科学技术体系中。

当代试图重建现代性的人亦大有人在。与后现代主义者不同的是，他们从批判走向了改良主义。如阿伦特、列维纳斯、哈贝马斯、罗尔斯等人分别从政治哲学、批判理论和自由主义等方面理清了现代性危机的根源，开出了不同的"处方"，并在批判的基础上重新建构了理性的内涵。

参见E.舒尔曼．科技文明与人类未来:在哲学深层的挑战．李小兵等译,北京：东方出版社，1995；高亮华．人文主义视野中的技术．北京：中国社会科学出版社，1996，p17–21；余碧平．现代性的意义与局限．上海：上海三联书店，2000，p3–20；哈贝马斯．现代性的地平线——哈贝马斯访谈录．包亚明主编，李安东，段怀清译．上海：上海人民出版社，1997，p15–16

超越论对现代技术持悲观态度。超越论者觉察到了现代技术的负面作用，认为现代技术对自然生态环境的破坏、对人类的异化作用和对传统历史文化的冲击等等问题的出现是现代技术发展的必然结果，现代技术的本身所具有的工具理性特征是症结所在。工具理性指的是手段或工具的可操作性和效率性，是技术的内在价值属性，它建立在近代机械自然观基础之上。机械自然观强调人对自然的主体统治地位，对自然采取的是“分解”和“操作”的态度，以实用和功利为目标。工具理性是现代工业社会中技术价值的整体偏向，一味追求效率和利润促使现代工业技术呈现集约化和巨型化的特征。也正是由于现代技术沿着工具理性的单一轨道发展，才导致了人与自然的对立和诸多问题的出现。超越论者认为，工具理性使得现代技术表现出很强的自律性，这种自律性不以人的意志为转移，它使得现代技术独立于人的主体之外而按照它本身的内在规律发展。所以他们对人类是否能真正驾驭现代技术表示怀疑，进而对现代技术采取非常谨慎甚至敌对的立场。

实证论对技术持乐观主义态度。实证论者恰恰认为，现代技术所表现的效率和技术合理性的不断提升，正是人类理性的胜利。凭借技术创新，人类才从对自然屈就、顺从的境地中解放出来，实现真正的自由。实证论的理论基础来自培根与笛卡尔哲学的逻辑经验主义，他们认为，凡是能够由感性经验来证实或者否定的，就把它看作是有意义的予以承认。实证论者认为，现代技术不仅创造了神话般的发展奇迹，而且有能力有效地解决社会矛盾，实现社会公平和民主。现代建筑的旗手勒 · 柯布西耶认为以批量化生产为特征的现代工业技术是一种时代进步的象征，大批量和标准化的住宅生产带来的低成本和低售价是缩小贫富悬殊的有效途径。他是这样赞誉现代技术的：“近五十年来，钢铁和水泥取得了成果，它们是结构的巨大力量的标志，是打翻了常规惯例的一种建筑的标志……这就是革命。”[1]实证论者也承认现代技术所带来的问题，但是他们坚信一切由科技进步所导致的负面影响将为新的科技所弥补。

纵观适宜技术理论的发展过程，在对待现代技术的态度问题上，正是经历了从超越论转向实证论而最后走向了辩证综合的发展过程。初始阶段的“中间技术论”、“替代技术论”等对现代技术未来的忧虑超过了希望，认为“小的是美好的”或者“过去是美好的”，憧憬和向往和谐的生态社会。但是鉴于当代社会与现代技术密不可分的现实，主张放弃现代技术的反技术者很少。在激进的态度下他们采取的是被动的撤退对策，主要应对的是生态问题，而对于发展

1 ［法］勒 · 柯布西耶. 走向新建筑. 陈志华译，天津科学技术出版社，1998，p7

的问题并没有提出很具有建设性的解决措施和路线，这也是缘于当时二元论的局限。梯度技术论和雷第的适宜技术论开始关注了发展中国家的发展问题。他们的理论中已经少了很多激进的成分，而更务实地对待利用现代技术解决地方问题的论题。1980年代的“多样技术论”已经有明显的实证论的倾向。这种技术论对现代工业技术采取了更加理性的态度，认为它是一种很有效解决当代问题的技术系统。这时的适宜技术理论已经超越了二元论而走向了多元论阶段，主张采取多样化多层次的技术来解决生态和发展的问题。当代随着可持续发展思想的确立和普遍接受，适宜技术理论有了新的内容。在可持续发展思想的框架里，发展本身有了新的含义，它是有条件有节制的发展，所以技术作为支撑发展的工具也肩负了双重任务，即生态任务和发展任务。传统的效率优先的技术绝对定律被质疑。另外，实现可持续发展需要针对不同地区的实际条件发展多层次多样化的技术系统，而这个技术系统的平台惟有现代技术可以担当。可以说，在对待现代技术的态度问题上，这是超越论和实证论的辩证综合——**既接受超越论的批判思想，又主张积极对待现代工业技术的优越性，同时强调解决问题的多样化方式**。这是适宜技术理论进一步发展的必然方向。

实际上，现代工业技术正在发生重要变化。以往的大工业批量生产限制了对产品多样性和选择性的要求，所以千篇一律的刻板面貌几乎成了现代技术的标签。随着信息技术的费用降低，以计算机系统为特征的工业技术既能大规模复制，又具有高度灵活性从而适合小规模生产。通过这种技术的介入，能以有限资源实现产品的最大多样化，包括建筑。同样的技术可以通过顾客的参与定制来改进产品的的生产，使产品更能适合特定人群或特定地区的需求。这正是适宜技术的重要特征之一。

(2) 封闭体系——开放体系

适宜技术之所以适宜的关键在于它能够适合一定地区的自然和社会环境的具体条件。如果在特定的地区，技术表现出自给自足的特性而不与外界环境发生交流，这就是一个封闭的技术系统。传统社会的技术系统就属于封闭式。初期阶段的适宜技术表现出很强的封闭性，如“中间技术论”所推崇的佛教经济就是一种自给自足的经济形式。佛教思想所指向的理想社会是“知足常乐、与人无争”的小国寡民社会，舒马赫认为：“归根到底，就人类整体而言，不存在出口，我们不是从火星或者月球得到外汇才开始发展的。人类是一个封闭的社会。在这个意义上，印度之大足够形成一个相当封闭的社会——一个有健壮的人民在其中劳动，生产自己所需物品的社会。”[1]这显然

1 ［英］E.F.舒马赫．小的是美好的．虞鸿钧等译，商务印书馆，1984，p149

和现实趋势是矛盾的。雷第的“适宜技术论”重视技术选择以及技术对于本地区环境的适应性，强调当地的生产和消费而忽略了外部环境。“替代技术论”和“软技术论”也都主张小型化分散化的稳定型经济形式，希望回到中世纪“田园牧歌”时代，带有明显的乌托邦色彩。当今世界是开放的世界，任何国家和地区都要参与到与外界的交流与合作中去。因而**技术系统要面对的环境同时有内部环境和外部环境，它应该是一个开放系统**。适宜技术在后期发展阶段开始走向了开放。“多样技术论”所提出的技术系统开始具有开放性特征，这种理论批判前述理论过于重视封闭自足的经济形式，而忽视了内外环境的相互关联性。

(3) 单向适应性——双向适应性

技术要转化为现实生产力，实现最佳效益，必然要经过社会化的过程。技术的社会化指的是在社会的整合与调适下，使技术成为与社会相容技术的过程[1]。技术社会化过程中，技术对社会的适应性和社会对技术的相容性同等重要，所以不仅要对技术进行调适整合，也要通过对社会环境的调适使得社会适合接受新技术。只强调单方面的适应称为单向适应性，它是静态的；强调技术与社会相互的适应称为双向适应性，它是动态的[2]。

“中间技术论”就具有单向适应性特征，它强调通过对技术单方面的改革使之从水平上适宜于相对落后的发展中国家。“梯度技术论”和雷第提出的“适宜技术论”重视技术选择，主张从本国生产力现状、市场规模、社会文化环境和技术基础条件出发，选择既适应于本国情况又能取得最大成效的技术。可见它们侧重于考虑引进环境和条件的适合，不强调对技术的改进，也不强调社会的变革，只是通过选择方式使引进技术和社会环境对接。这是一种静态的适应。“多样技术论”开始初步具有双向适应性特征。一方面它认为社会问题和环境问题的解决需要依靠整个技术体系的历史性转变，主张改造技术以适应变化的社会；另一方面也提及调适社会态度，重新认识现代工业技术作为局部技术的优越性，以重新接纳现代工业技术。但它也没有更多注意到，人类社会可以发挥更大的能动性，通过自身的调适来适应技术的变革。**当代的适宜技术应该具有双向适应性特征，充分考虑内外部环境基础，既强调对技术的调适使之适应地方社会，又强调对地方社会的调适使之适应技术发展**。只有通过技术与社会的相互适应、相互促进，才能使技术发挥最大潜力，实现最佳的综合效益。当代的适宜技术应该是技术革新与地方经验的统一，是一种综合的技术。

1 陈凡．技术社会化引论：一种对技术的社会学研究．北京：中国人民大学出版社，1995，p5

2 参见陈凡．技术社会化引论：一种对技术的社会学研究．北京：中国人民大学出版社，1995，p11-14

第三节　适宜技术的当代诠释

1. 当代适宜技术的概念

从适宜技术理论发展过程来看，历史上各种单一的适宜技术理论都有不足，有些甚至带有乌托邦色彩，但它们都在其中某一方面取得突破，为这一理论添加新鲜血液。当代建筑界对适宜技术的定义也是种类繁多，都以各自角度对适宜技术的某一方面作了诠释。有些解释强调低造价、再生能源（太阳能、风能等）等概念，认为它适宜于发展中国家。有些解释强调适宜技术的地方性，建筑大师诺曼·福斯特是这样诠释的："当我们决定采用某些技术时，乃根据地区条件来判定，而不论其先进与否。"[1]还有一些解释强调多层次的技术路线，《北京宪章》中是这样理解适宜技术观："从技术的复杂性来看，低技术、轻型技术、高技术各不相同，并且差别很大，因此每一个设计项目都必须选择适合的技术路线，寻求具体的整合途径；亦即要根据各地自身的建设条件，对多种技术加以综合利用、继承、改进和创新。"[2]这些角度各不相同的适宜技术概念互相补充和完善，在发展过程中渐渐在构筑一个成熟的体系。国内适宜技术专家许志晋所定义的适宜技术概念比较综合和体系化，他认为适宜技术指的是"能够切合于一定社会和自然环境的具体条件，自身具有合理的动态结构，取得最佳效益以保持与人类和自然持续协调发展的技术系统"[3]。这个定义强调技术对地方社会和自然环境的适应性，但是忽略了双向调适的机制。在一个开放的体系中，不仅需要技术调适以相容于社会，社会本身也需要调适以适应新的技术。另外，在实践中要度量"最佳效益"几乎是不太可能。一般说来能与当地的经济、社会、环境系统相适应的技术系统属于适宜技术的范畴，这样的技术具有"适宜性"。虽然最佳效益是衡量技术系统是否和地方条件相互适应的指标，但在实际操作中，只能在若干可得技术方案之间比较，综合效益最好的方案相对于其他方案更具适宜性。由此可见**适宜性是相对的概念**。另外，事实上无法孤立地判定某项技术是否具有适宜性。技术所携带的综合效益并不是本身所固有的，它随着作用对象的改变而变化，针对不同的作用对象也会有不同的技术组合以符合适宜性的原则。只有当技术解决具体的问题，才能显现出其综合效益。比如钢结构技术适宜于甲工程，不一定适宜于乙工程，对于前者它具有适宜性而对于后者却不具备；窑洞技术对于黄土高原的局部地区是适宜技术而对

1　窦以德等编译．诺曼·福斯特．北京：中国建筑工业出版社，1997，p5
2　国际建协"北京宪章"，建筑学报，1999/6
3　许志晋．适宜技术与可持续发展．中国软科学，1998/8，p80

于其他地区却是非适宜技术。可见**适宜性要在具体问题中权衡，它并非技术本身固有的内在属性**。这种适宜性可以改变。当某项技术通过改进，在某项目中的成本降低了或者环境效益提高了，可以说它的适宜性得到了提高。

综合来看，适宜技术的科学含义是指：针对具体作用对象，能与当时当地的自然、经济和社会环境良性互动，并以取得最佳综合效益为目标的技术系统。

从适宜技术理论发展和对未来的预测来看，当代适宜技术的发展应该具有以下趋势：它具有环境、社会和经济的多重目标，是一种支撑可持续发展的技术；它综合超越论和实证论观点，以理性的态度对待现代技术，它的当代发展目标是以现代技术成果为平台实现多样化多层次的技术格局；它是开放性的技术体系，与只关注封闭环境的传统适宜技术不同，它不仅关注本地区现实条件，而且放眼外部环境（实际上在日益全球化背景之下，地区的线索总是和外部环境有着千丝万缕的联系，现代技术就是媒介）；它是双向适应性的技术，不仅强调技术对社会的适应性，也重视社会对技术的相容性。

从概念上可以看出，适宜技术归根结底的指向目标就是可持续发展。制约可持续发展的因素很多，最关键的角色就是科学技术。在当代，科学技术不仅影响到经济发展，还影响到社会和环境的发展，它在可持续发展的整体系统中处于核心地位。并不是任何一种单一的技术都能起到这样作用，只有以可持续发展为目标的技术系统才能兼顾各方面而实现发展的平衡。适宜技术就是以之为目标的一种技术系统（图 1–01）。适宜技术充分利用人类以往的知识、经验、技能和物质手段，它能够不断开发和转换资源，增强和扩大技术给人类和自然带来的正面影响；同时，适宜技术也能够不断调整和修正资源开发和转换方向，扬长避短，减少和克服技术给人类和自然所造成的负面效应。总而言之，**适宜技术同时关注发展问题和环境问题。**

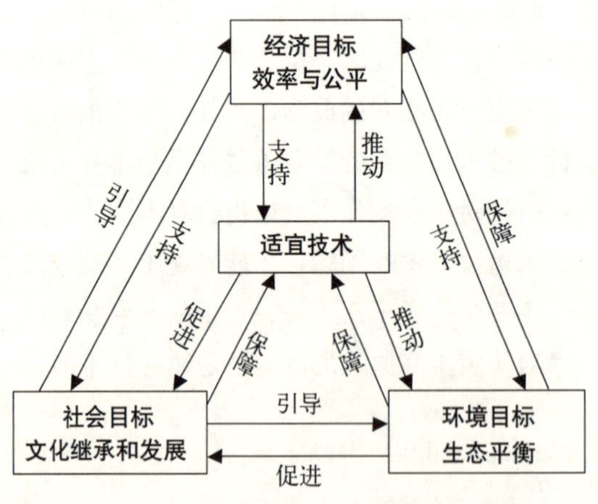

图1–01 适宜技术在可持续发展系统中的核心地位

地区发展和环境承载力之间是相辅相成、互相促进的关系，技术是制约因素。地区得到发展后环境承载能力会相应提高。比如19世纪的伦敦人口不足百万，环境已经污秽不堪而导致疾病流行和生活质量低下，现在城市人口已达500多万，而环境却相当宜人。香港和日本一些城市的密度远高于欧美城市，但同样拥有良好的环境。这说明，随着社会经济条件的改善和城市的更新发展，城市本身的环境承载力也在提高。环境承载力的提高也意味着其提供发展资源以满足人类需求的能力在提高，反过来又促进了地区的发展。上述城市所产生的经济效益就相当惊人。所有这些都有赖于技术水平的提高，从而使人类处理环境与资源问题的手段和能力不断完善和提高。**适宜技术在促进地区发展和提高环境承载力这两方面同步完善，以实现对可持续发展的支撑。**

2. 当代适宜技术的基本特征

从发展趋势和概念诠释中可总结出当代适宜技术的如下基本特征：

(1) *相对的地方性*

适宜技术关注的是当地的经济、社会和环境，不同国家和地区经济、社会和文化等方面发展的不平衡和自然环境的千差万别，使得适宜技术带有鲜明的地方特色。例如在住宅技术方面，适宜于中国北方黄土高原地区的是窑洞，适宜于南方潮湿地区的技术是干栏建筑，而适宜于蒙古等游牧民族地区的则是蒙古包。

然而在当代日益全球化背景之下，地方总是要参与到与外界的积极交流中去，这种地方性有了新的含义，它已经不是封闭的而是开放的地方性。全球化的影响已经渗透到了各个方面，它既是人类的一大进步，又起着某种微妙的破坏作用，夸大它的消极影响会导致狭隘地方主义，而过分的乐观主义亦会导致地方文化的丧失。全球化也是重构和发展地方性的一个契机。根据耗散结构理论，一个有活力的系统是开放性的，需要与外界发生物质、能量和信息的交换以获得“负熵”，外来资本、信息、技术或者文化的引进交流会使得地方保持活力而促进地方的发展。所以，解决地方的问题并不一定只局限于地方，所采用的技术也并不一定是地方的。**当代适宜技术并不刻意于“本土”和“外来”，也不消极保守地枕卧于传统之上，相反，它立身于现代技术的平台之上，着眼于解决地方性的问题。**辩证地看，如果外来技术的采用在解决某个地方性问题时能取得最佳效益，说明它能够充分融入地方环境，也就成为地方的了。从历史上看钢筋混凝土和钢结构技术对于中国而言属于外来技术，但是大量建设项目上也取得了很好的综合效益因而获得了“地方性”。

(2) *辩证的时效性*

由于地区处于发展中，内部和外部环境在不断发生变化，适宜技术只能在一定时间内存在并随时间推移而变化，它有一定的时效性。原来适宜的技术现在可能不适宜，而现在不适宜的技术将来可能变得适宜。如地方传统技术在与传统社会环境的长期互动中已经整合于社会，成为当时的适宜技术，但是在今天，虽然作为其自然属性的“功能”依然存在，但是已经不适应于当代环境而失去了其“适宜性”。时下的一些“绿色技术”有着很好的环境和社会效益，但是对于一些地区因其经济效益的缺陷而不能成为当地的适宜技术。长远地看，随着技术的进一步发展和社会经济能力的提高，原来不适宜的技术将来可能变得适宜，事实上，尖端的绿色技术在某些发达国家已经具有适宜性。

另外一方面，对适宜技术的这种时效性应科学对待，如果原有技术的潜能还未完全发挥，一味强调技术的更新换代势必造成资源的浪费。技术本身的发展亦应具有可持续性，尽量延长其可应用生命周期。传统的窑洞技术植根于当时的自然、社会和经济环境，是一种适宜技术，在当代的条件下，它虽然仍然可解决基本的居住问题，但是已经不能取得良好的社会和经济效益而失去适宜性。但是，这项技术的环境效益和文化认同感依然存在而具有一定价值，若用当代技术知识加以改造使得它更适合于人居住和符合当代的施工条件，那它就重新获得了社会和经济效益而成为一种适宜技术，由此实现了技术的可持续发展。

(3) 多层次性

适宜技术关注的是技术的综合效益而非其先进性，所以针对不同地区不同具体项目，能最佳解决问题的适宜技术或许是高技术，或许是低技术，或许是几种技术的综合。另外，地区之间甚至具体项目之间的差异事实存在，所以技术梯度的现象客观存在，适宜技术必然呈现多层次格局。针对某个具体项目的具体需要，所采用的适宜技术有可能不是单一的技术类型，而是不同层次不同类型的技术要素按一定组织方式构成的复合技术系统，比如既有先进的智能技术，又有低层次的传统技术。这种复合技术系统在协调人类社会和自然环境的相互关系上，形成了一种全新的整体匹配格局。适宜技术的目标亦具有多层次性，在取得最佳效益总原则的指导下，对于不同项目有不同的侧重——或者更注重节约能源，降低材料消耗；或更注重经济效益，降低成本；或更关心扩大就业的社会问题；或更强调保护环境，维持生态平衡。技术目标的侧重点取决于每个目标在总体目标中所占权重，这也是技术适宜性评价体系中的重要评价指标。

(4) 整体适宜性

适宜技术的技术选择超出了对技术本身的考虑和论证，而是要考虑经济、文化、环境、能源和社会条件等各方面，这就决定了适宜技术要关注的是最佳综合效益，而不是单一的经济效益、社会效益或环境效益。有些技术可能在某一方面具有适宜性，但是不一定整体适宜。比如经济适宜的技术可能对环境不友好，或者环境友好的技术有可能经济效益低下。对技术适宜性的评价是技术选择的关键，而“整体适宜”则是评价的标准。

以上从四个方面总结了当代适宜技术的基本特征，“相对的地方性”和“辩证的时效性”是适宜技术的地点和时间的属性。前者关注的是“本土”和“外来”这一对矛盾，后者关注的是“继承”和“革新”；“多层次性”指的是适宜技术的格局和结构特征；“整体适宜性”是适宜技术评价的基本准则。这四个基本特征勾勒了适宜技术观的全貌。

3. 适宜技术概念辨析

和其他相关技术概念比较，适宜技术更侧重于是一种技术发展观。它是制定技术发展战略的指导思想，是技术选择的“技术”；同时对于具体的作用对象或者主体，它又是具体的技术，它有应对的技术措施。所以适宜技术与其他类型技术观念既有联系又有区别。

(1) 传统技术、地方技术和适宜技术

传统技术一般指工业社会以前的技术。地方技术指的是扎根于地方的技术，又称为“本土技术”。传统技术和地方技术的关系以及它们和适宜技术的关联在发展中经历了变化。在传统社会中，地方技术都是传统技术，而传统技术不一定是地方技术，因为在传统社会里特定地区也会和外界有少量的信息交流从而带来外来的技术。在当时，传统技术和地方技术的产生或发展都植根于地方土壤，能与地方自然、经济和社会环境相适应，所以它们都是特定时域和地域的适宜技术。在当代，传统技术普遍都是地方技术，而地方技术有当代的内容。许多地方技术可能是现代的或者经过了现代化的改造，它们一般具有传统技术的文脉。有些符合当地生物气候条件的传统技术和地方技术在当代仍然有适宜价值，在实践中依然被采纳。实际上，适宜技术在应对地区自然环境条件时，总是要借鉴当地原有的技术。但有些传统技术或地方技术已不能应对当代的社会环境而不具备适宜性（图 1–02）。

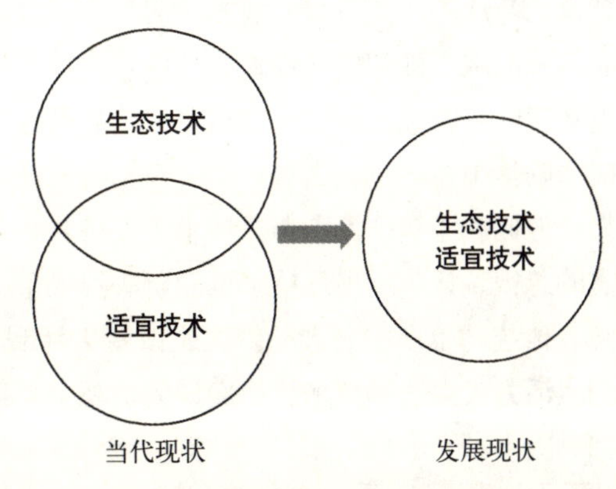

图1–02 传统技术、地方技术和适宜技术的关系

(2) 生态技术和适宜技术

生态技术又常常被称为“绿色技术”，是与适宜技术联系紧密的一种技术观，其主要特征就是环境友善。1992 年世界环境与发展大会通过的《21 世纪议程》中提出向生态技术转移：“为减轻污染和保护环境，采用更加

可持续的方式使用所有资源，循环使用更多的废弃物和产品，以更合理的方式处理剩余废弃物。”[1]这一概念涉及了物资利用、开发到废弃的全过程。生态技术作用于建筑就产生了生态建筑，生态建筑的总原则就是减少污染（reduce）、重复使用(reuse)、循环利用(recycle)，具体措施包括：建筑材料尽量用绿色材料、合理最优利用当地资源和可再生能源如太阳能、风能、地热等；建筑在施工和使用过程中尽量减少对环境的污染而采用回收技术；以智能技术实施环境控制等。生态技术强调“因地制宜”而具有很强的地方性。马来西亚建筑师杨经文认为建筑所在气候区的生物气候特征是筛选建筑技术的关键因素。根据地方可能性选择恰当的技术，使其成为支撑地区发展的有利因素，是生态技术观的主要内容。可见，生态技术也是以支撑可持续发展为目标的一种技术观。与适宜技术不同的是，它的关注重心是环境问题，强调发展以环境承受力为依据，而适宜技术对环境问题和发展问题并重。所以“生态”毋宁说是一种技术的理想和目标，而“适宜”则是现实性的手段和方法，两者方向具有同一性。现阶段的适宜技术不一定都是生态技术，而生态技术也不一定具有适宜性。但以长远发展的眼光来看，将来的适宜技术对其生态性要求会越来越严格，而随着社会发展，生态技术将越来越具有适宜性，两者的差别将缩小直至实现同一性（图 1−03）。

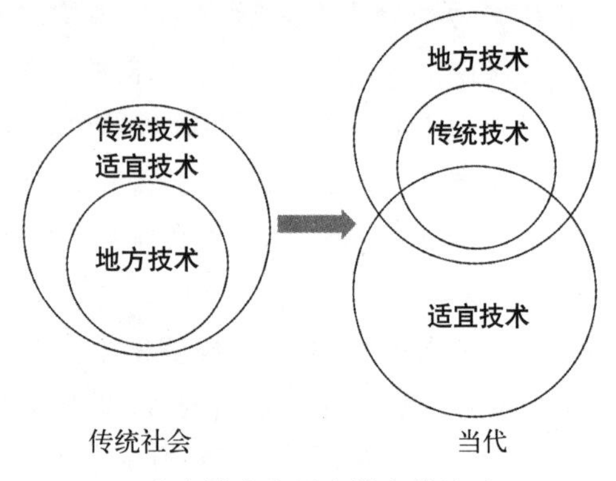

图1−03 生态技术和适宜技术的关系

(3) 低技术、高技术和适宜技术

低技术和高技术是从技术的科技含量和技术水平的高低来区分。高技术的特点是高成本、高效益，技术导向性强，要求较高的技术和管理水平。低技术有较强的地方性和传统性，它一般是低成本的，但“因地制宜”的特点使它具有环境友好特征。高技术的拥趸认为它是技术发展的最高阶段，是人类智慧和能力的集中体现，过去数十年人类社会的高速发展就是科技不断突破新高的结果。他们属于实证论者。低技术的支持者是超越论者，他们批判高技术对于生态的忽视，认为运用低技术也能解决现代生活的基本需要并且不对环境构成威胁。传统“生态主义者”就主张改变生活观念和生活方式，以“与环境友善”的生活方式去选择技术。他们认为是观念与条件决定技术，而不是相反。环保

1 国家环境保护局．中国环境保护21世纪议程．北京：中国环境科学出版社，1995

主义者对高科技的诘问亦是针对生态性。巴克哈特问道，越来越多的电子产品用于建筑之中，其中有些也许确有节能功能，但谁有计算过生产这些产品和以后销毁它们需要多少能源呢。他认为："与其在郊区建造田园风光的豪华'生态住宅'，使用高新技术的'节能环保汽车'奔波于城乡之间，还不如在城市里住公寓，使用自行车更节能，更'生态'，前者只是以高技术造就一种'生态时髦'，后者才是真正地从'与环境友善'的生活方式为出发点去选择生态技术。"[1]适宜技术以最佳综合效益为准则选择和发展技术，而不论其技术层次的高低，对于不同的作用对象，可能采用高技术，也可能采用低技术，或者是采用多层次的复合技术。传统技术的更新就是以获得当代适宜性为目标对低技术进行复合化改造的结果。

小结　本章可简称为理论演变

本章首先回顾了相关技术理论的历史演变。在对现代技术反思的过程中出现了多元化的技术理论，它们互为关联且相互影响。适宜技术理论在发展中逐步完善起来。在对待现代技术的态度问题上，它从与实证论对立的超越论走向了两者的辩证综合，并强调以多样化技术方式解决地方问题；在系统建构方面，它从封闭体系走向了开放体系，同时注重内部环境和外部环境；在技术与地方社会关系的问题上，它从单向适应性走向了双向适应性。

在总结归纳的基础上，明晰了当代适宜技术的基本理念和特征。当代适宜技术的科学含义是指：针对具体作用对象，能与当时当地的自然、经济和社会环境良性互动，并以取得最佳综合效益为目标的技术系统。它具有环境、社会和经济的多重目标，是以支撑可持续发展为指向的技术系统；它的当代发展目标是以现代技术成果为平台实现多样化多层次的技术格局；它不仅关注本地区现实条件，而且放眼外部环境；它不仅强调技术对社会的适应性，也重视社会对技术的相容性；它积极汲取传统技术和地方技术的精华。当代适宜技术具有相对的地方性、辩证的时效性、多层次性和整体适宜性的特征。

1　转引自董卫、王建国编著．可持续发展的城市和建筑设计．东南大学出版社，1999，p46

第二章　地方性建筑和适宜技术

第一节　建筑地方性的当代审视

1. 从自发的地方性到自觉的地方性

建筑的地方性指的是建筑与所处地方的自然条件、经济形态、文化环境和社会结构的特定关联。当讨论建筑地方性的时候，一般总是为了对抗全球化进程所带来的建筑趋同现象，但事实上地方性是建筑的基本属性之一。齐康认为:“各城市各地区都具有自身的特色，基于社会需求、自然环境、气候、地形地质、地方建造技术、民族风情、历史文化等的影响，这种特色有着自身的演变进程，地方性建筑与社会经济、历史文化、科技、地方性建筑材料、建筑相关工程措施等都有关联。”[1]建筑从一开始就具有地方性。从人类“定居”开始有了建筑，作为遮蔽场所，构成所需空间是它的基本职能。在建造中，几个元素缺一不可:地点、材料、建造方法。可见，建筑是人所需空间和特定地点以一定方式的结合。海德格尔认为:“在将空间与地点相结合，地点从而得到确立之中，建筑实现其本质。”[2]通过建筑的建造，地点被标识而获得了意义，建筑在构成空间的同时也实现了与地点的结合。

这种结合一开始是有机的。在人类可得选择比较少的情况下，建造活动完全呈现地方特色：利用地方地形，采用地方材料，利用地方技术。当人类实现定居后，文明才得以发展起来。在漫长封闭的传统社会里，世界各地在相对独立的环境里孕育了具有地方特色的文化,建筑艺术和技术是其中重要组成部分,恰恰是那些伟大的城市和建筑作品标志了所在地方的文化高度。传统文化的产生和发展都依赖于稳定和封闭的自然和社会结构，正是这种封闭性导致了差异性，从而形成了地方特色。这时的地方性是处于“自发”状态。但是进入工业社会后，生产力极大发展，原有社会的封闭状态亦被打破，人类可得选择空前增加，构筑空间的能力极大增强，建造活动突破原有传统的约束，空间营造变得可标准化，建筑活动实现了大规模的生产化。这是人类文明的一大进步，但

1　齐康.地方性建筑风格的新创造.东南大学学报，1996/11

2　海德格尔.建 · 居 · 思.陈伯冲译，转引自张彤.整体地区主义建筑理论研究.东南大学博士学位论文，1999

是另一方面也导致了空间与地点的分离。受功利主义思想的影响和彰显人类力量的欲望驱使，现代建筑在相当长一段时期内都在试图创造一种具有普遍意义的建筑模式，使得不同地点都可以建造相似的且实用的房屋。建筑在经历了一场革命后，给全世界的城市和建筑穿上了统一的制服，地点与空间的特殊对应关系被忽视。建筑甚至被当作是“居住的机器”，而机器是没有地点的，建筑的地方性有被消解的趋势。

在正在进行的全球化进程中，地方文化正面临挑战。各国和地区在发展和进步的同时，都在思考一个关键问题：为了走向现代化，参与全球的文明进程，是否必须丧失自我的存在，抛弃本民族、本地区的文化传统？正确地对待全球化，务实地寻找传统文化的发展契机是理性的态度，用保罗·利库尔的话说就是：“全球化的现象……它不仅破坏了传统的文化，这一点倒不一定是不可挽回的错误；而且破坏了我们暂且称之为伟大文化的‘创造核心’，这个核心构成了我们阐释生命的基础，我称之为人类道德和神话核心……如何成为现代的而又回到自己的源泉；如何又恢复一个古老的、沉睡的文化，而又参与到全球文明中去。”[1]不妨理解保罗所提及的“伟大文化创造核心”就是地方性本身，正是由于地方的各具特色，才造就了文化的丰富多彩。地方性也是归属感和认同感的基础，所以地方性的回归正是当代建筑的发展使命，也是对全球化问题的积极回应。

建筑师开始把目光投向地方特征要素，有意识地从中汲取营养来丰富现代建筑的内涵。此时对地方性的追求应当是处于“自觉”状态。**值得注意的是，在当代，“自觉”的地方性并不是作为对抗全球化的角色而出现，地方性建筑学也不是所谓的“抵抗建筑学”。对于我们而言，走向现代化和参与全球文明进程并不是某种选择，而是必须发生和正在展开的事实。一种文化的个性也并不来自于对某种纯粹的地方或民族文化的预先选择，而是来自于不同文化之间相互影响和自我超越之中。**作为建筑基本属性的地方性在发展过程中曾被剥离，从而引发一系列棘手问题，解决方法只有重新回归建筑的本真。从“自发”到“自觉”状态的回归，地方性作为建筑的基本特征被重新确立。

2. 地方性与现代性的辩证关系

最初的地方性建筑是作为抵抗国际式建筑的角色而出现，这个历史前提表明了当代地方性建筑与现代建筑的同源关系。地方性建筑可视为是现代建筑的

1 转引自[美]弗兰姆普敦.现代建筑：一部批判的历史.原山译，北京：中国建工出版社，1988，p392

一部分。浪漫主义的出现就是“反现代性”[1]的第一声号角。德国19世纪末的浪漫主义和20世纪二三十年代的表现主义都是作为反理性、反启蒙的角色出现的，它们影响到了后来的斯堪的纳维亚的民族浪漫主义建筑、西班牙加泰罗尼亚、瑞士提契诺地区的地方主义建筑实践。可以说，浪漫主义是建筑地方化的最早形式，“反现代性”是其出现的最根本原因，它也是理解现代建筑地方传播的基础。发展中国家普遍都出现过“反现代性”的情结，他们在独立运动后纷纷重树传统的旗帜以对抗现代性。中国近现代地方性建筑就是在这样的背景下出场的。

在发展中国家，反现代性并不是抗拒所有与现代性有关的东西，而只是抗拒那些被强加的价值观念和物质观念，实际上却吸收了现代性的主要精髓和思想动力，所以它也是现代性的一部分，是构成现代历史的一个重要环节。

理性是现代性的精髓所在，它与地方性没有不可调和的矛盾。确切地说，它已经从最初“排斥地方性”的工具理性中走了出来。在笛卡儿“我思故我在”的反思哲学中，理性的反思不需要任何地点以便存在，它本身能构造出整个知识体系来，它是自律的。所以在二元对立的机械自然观中，理性就表现为工具理性。人类用科学技术作为工具改造和控制自然时，对理性的追求使得方法成为目的本身，从而把人类自身也置于技术工具理性的控制之下。然而，在经历了现代性批判的当代，反省被嵌入了科学理论的结构中，理性有了新的含义。哈贝马斯认为，理性并不意味着狭义的传达真理，相反，理性应当揭示道德实

1　一般认为，现代性是指从文艺复兴、特别是自启蒙运动以来的西方历史和文化。其典型特征就是理性精神，它表现在两个方面：1.对于自然世界，人类可以通过理性活动获得科学知识，并以“合理性”、“可计算性”和“可控制性”为标准达至对自然的控制。2.在社会历史领域里，人类应当相信历史的发展是和目的的和进步的。人们可以通过理性协商达成社会契约，逐步实现自由、平等和博爱等启蒙理想。现代性具有不断改造世界的内在要求。也就是说，它要求人类不断发现新的科学知识来合理地改造世界，让它变得更加美好，趋向善的王国。“现代化”就是“现代性”的具体展开过程。

法国哲学家福柯把现代性看作一种态度而不是一个历史时期，他认为与其设法区分现代性的阶段时期，还不如研究现代性的态度自形成以来是怎样同“反现代性”的态度相对立的。“反现代性”指的是，一些后发现代化的国家在从传统向现代转化的过程中，失落了现代启蒙的环节而致力于用本国深厚的传统来反抗现代性的入侵。

哈贝马斯将这种反现代性的态度斥为新保守主义。他认为，首先，现代性并非某种我们已经选择了的东西，因此不能通过一个决定将其动摇甩掉；其次，它仍然包含着规范的、令人信服的内容；第三，它存在着植根于体制性的，自我生成的危险。新保守主义者觉察到了这种危险，并将现代性退守到了残存的传统之上。他认为，现代性是“一个尚未完成的规划”，任何批判的目的不应该彻底否定它，而应该设法完善它，任何否定现代性的倾向都是对启蒙运动的主要原则的否定。

参见余碧平.现代性的意义与局限.上海：上海三联书店，2000，p1-2、171-172；哈贝马斯.现代性的地平线——哈贝马斯访谈录.包亚明主编，李安东，段怀清译.上海：上海人民出版社，1997，p122-123；零舟.中国地方主义建筑的现代性图景.华筑网：www.huazhu.com，2002

践和审美判断理性的统一性。也就是说，**理性不仅要符合“真”的原则，而且也要受“善”和“美”的检阅，现代性的本质是要实现真、善、美的融合**[1]。哈贝马斯为此提出了解决方案，他将“交往理性”替代“工具理性”，提出主体可以在公共领域中通过理性的交流而达成共识[2]。**文化个体之间的交流同样可以实现交往理性，通过信息互换、文化碰撞和批判整合达成理性的共识，在完善自身的同时也保留了特殊性。**在这里，没有一种绝对的普遍模式强加于人，普遍性与特殊性在理性交流中共存。理性主义中自鸣得意的信仰被剔除了，生活世界被从技术的殖民统治中解救出来，由此，人文关怀被重新纳入到了理性的构架中。

发达国家的学者也越来越认识到：纯粹理性指导下的发展模式带来的负面影响，同样危害到了发达国家和发展中国家。发达国家为了解决自身经济问题进行极度扩张和控制发展中国家的资源，由此而损害了民主。或者过度消耗资源而导致了长期的全球环境影响。发展中国家沿袭这一发展模式，也在加剧全球环境恶化的步伐。全球环境变暖、异常气候出现频率增高等现象迫使决策者开始了统一行动，全球峰会的重要议题之一就是诸如环境问题。为了减缓全球变暖，签订减少二氧化碳排放的共同协议已被提上日程。这种国家地区间的协调机制正是交往理性代替工具理性的开端。

地方性建筑命题本身就有极厚重的人文色彩，**这一命题的当代内容就是地方性建筑的现代化（或现代建筑的地方化，两者在当代具有同一性）——借助现代技术和与其他地区建筑文化的理性交流来实现自我超越。在文化的理性交流中，各个地区的传统建筑文化都将共同参与对话情境的界定。从这个意义上理解，当代地方性建筑的命题与现代性不是对立关系，相反，必须以现代性的立场去考察和研究它。**

---

1 哈贝马斯认为现代性就是要在科学技术、民主体制和个体自由之间维持和谐关系。当今现代性发生的危机，其原因就在于它丧失了这种平衡感和整合作用。现代世界的技术和合理化把现代社会分裂成三个各自独立的领域：科学、道德和艺术，并且造成了工具理性的独大和技术统治，使得现代性的潜在解放力量遭到压抑。

参见哈贝马斯.现代性的地平线——哈贝马斯访谈录.包亚明主编，李安东、段怀清译.上海：上海人民出版社，1997，p47－48；余碧平.现代性的意义与局限.上海：上海三联书店，2000，p174－175

2 交往理性同样也是现代性的遗产，它的前提是理性的批判。理性的交流发生在公共领域，所以哈贝马斯认为重振公共领域是解决现代性危机的途径。在他看来，合理性并不存在于主体意识中（因而强调主体意识只能导致独断论和普遍模式的强加），也不存在于所谓的“以最优化手段实现既定目标”的目的性行动之中，而只内在于理性交流的过程之中。惟有通过理性交流，人们才能达到对文化的共同界定，形成社会团结和个性人格。

参见哈贝马斯.现代性的地平线——哈贝马斯访谈录.包亚明主编，李安东、段怀清译.上海：上海人民出版社，1997，p57－58；余碧平.现代性的意义与局限.上海：上海三联书店，2000，p172－182

在当代中国，“地方性”这个问题的出现本身就包含了双重的历史意味。一方面，现代化过程在中国还未完成，它还将以其他的形式出现在我们面前。另一方面，它也暗示着，中国现代化的展开正是地方化的客观条件，而在此背景下的地方化理论研究必然包含了对现代性理论的再思考和理解，必然包括对现代性的客观现实的反省和批判。即使国际式建筑是不可避免的，它们仍然可以根据地方条件进行调整以适应当地的气候、场地和文化传统。它们可以从传统建筑的某些要素中汲取营养。许多有责任心的中国建筑师已经在思考传统与现代的关系，并在建筑创作中显示了他们独具特色的个人理解。另外，**中国当代地方化的过程应该也是用理性批判的工具来改造传统的过程**。出于政治目的或者是民族主义的原因，我们总会时不时地把地方性等同于恢复传统，或者是用传统来装饰门面。这有时是下意识的一种选择，但也一种非理性的倾向，它的本质是“抗拒现代性”。然而，任何一个有理智的人都知道，传统并不能作为解决当代中国问题的框架。小国寡民的社会结构和自给自足的生产方式早已一去不复返。而且，传统中很多东西虽然具有科学性，但它往往是基于经验判断基础上的模糊认识，缺乏系统性。比如当前的风水之争和中医之争的焦点都是经验判断的科学性究竟有多少。虽然经验判断有时是有效的，但是它们往往解释不出有效性的科学原理，从而导致了质疑。这种争论能争出什么结果并不重要，争论本身就值得肯定，因为这正是民间广泛反思传统的一种征兆。要使得传统中的科学成分发挥更大作用，就需要用现代知识对其加以分析，用现代技术对其进行改造。**所以，要切实解决当代中国的问题，必须以理性态度在现代性的基础上探讨“地方性”问题。现代技术正是现代性的精髓所在，它是建筑“地方化”的技术平台。**

3. 地方性建筑的研究范围

广义来讲，任何建筑都在一定“地点”建造，是地方的，但不是所有建筑都和“地点”有特定的关联，所以不一定具有地方性。这一点从建筑地方性的发展历史中清晰可见，当代建筑趋同现象就是建筑地方性缺失的明证。只有具有地方性的建筑才称其为地方性建筑，这是一种与所处地方的自然条件、经济形态、文化环境和社会结构具有特定关联的建筑。地方性建筑又可分为传统地方性建筑和当代地方性建筑。如前所述，传统地方性建筑具有“自发”状态的地方性，而当代地方性建筑具有“自觉”状态的地方性。本文研究所针对的是当代的地方性建筑，基本目的是为了解决当代建筑的问题，但是传统地方性建筑中的很多处理方法依然具有价值，仍然能够在当代适宜。一些传统建筑技术在呼应当地气候、利用地方材料和适应当地地质条件等方面的表现是经得起考验的。所以本文研究的范围扩大到了传统地方性建筑领域，目的是为了“拿来”有价值的手段，以解决当代地方性建筑中的实际问题。

当代建筑发展的主要目标之一就是重新确立起建筑和地方环境的特定关联，这一趋势和建筑的全球化进程同步进行。也就是说，期望中的当代建筑应该是地方的，同时也是国际的。地方化与全球化进程是平行的，这是一种辩证关系。**全球化在微观层面上只有借助地方性的发展才能推广，在这一过程中它已经具有了地方化的特征**。比如麦当劳在全球各个角落可能都有了分店，但是各个地区的麦当劳已经和地方融合而具有了各自不同的特色。反过来，**地方化只有在宏观的层面上交流融汇，才可能获得新的动力超越自身，在此过程中它也具有了全球化的特性。**

“当代地方性建筑”也是一种发展目标的预设，这正是本文研究地方性建筑的目的所在。首先它的研究范围并不局限于已有的可能是少数的具有地方特色的建筑领域，而是广义地扩大到当代建筑这一大领域，“地方性建筑”预示当代建筑的一种价值取向。其次，由于有了“当代”这一定语，地方性建筑的研究必须置于全球化的背景之下。“地方化”与“现代化”的过程是同步的，当代建筑具有的这种双重任务使得地方性建筑的研究具有辩证性，本文所关注的地方性的研究须放在全球化的背景之下进行考察。

由此可见，本书所提当代地方性建筑具有多重意义。它首先是研究的应用目标所在，但研究的范围实际上扩大到了整个建筑领域，无论是传统的或是现代的；其次它也是一种发展目标的预设，暗示的是普遍的当代建筑地方性的回归，而不是讨论少数建筑的属性问题；另外，地方性建筑担负多重使命，尤其在发展中国家，“现代化”是其无法回避的使命，所以对地方性建筑的研究具有辩证性和批判性。

第二节　建筑技术与地方性

上文提到，在建造活动中，地点、材料和建造方法是三个基本的要素，建筑是人所需空间与特定地点以一定方式的结合。其中“一定方式”就是建筑技术的内容，它涉及到了材料和建造方法两大要素。**直观地说，建筑技术就是关注“在这个地方，用什么材料，怎么样建造”的问题，建筑技术与地点的密切关系是显而易见的。**

1. 建筑技术的两重属性

建筑技术表现出两重属性，即自然属性和社会属性。自然属性体现为建筑技术对方法合理性以及效率的追求，比如建造要符合重力原则，材料运用要得当，搭建方法要合理等等；社会属性体现为建筑技术对作为主体的人以及特定地点的关注，特定地点又可上升为具体的社会环境。前者是建筑技术本身所固有的，它体现为对自然客观规律的遵循。人类对于客观规律的认识是由浅入深的一个过程，建筑技术的发展亦是其自然属性从低级到高级逐步发展的过程，直接的结果就是建筑技术的革新和其功能日趋强大。社会属性是建筑技术在与特定社会环境的相互作用中获得，受环境制约并作用于环境，它的完善表现为技术的人性化以及与当地社会的相互适应和促进——即建筑技术与地方的整合[1]。

建筑技术的两种属性不可分割，只有自然属性而没有社会属性的“真空”技术不存在，因为技术的发明和应用总是发生在特定地方环境之下。自然属性相对完善而社会属性不完善的技术却广泛存在。在这种情况下，一方面技术潜在能力在极大提高，另一方面在实际应用中却很难与当地社会相容。有时它们难以转化为生产力，比如时下一些代价高昂的绿色技术在中国的应用；有时即使转化为生产力，也导致许多社会问题的产生，如技术与人和社会的对立，现代建筑技术的无条件接纳导致地方特色消失，就属于这种情况。

2. 两重属性的分离

由上论述可看出，建筑技术的先进性取决于技术自然属性的完善程度，而技术与社会的相容性取决于社会属性的完善程度，所以要使建筑技术与自然、社会与人和谐发展，其两重属性要同步完善。用技术的眼光回过头来看建筑地方性的发展过程，可以发现，建筑技术自然属性与社会属性发展的同步与否决定了建筑地方性的表现状态。在传统社会里，建筑技术的自然属性处于低层次，但是它的产生和发展都是植根于当地的特定环境——使用地方材料，采用当地建造经验方法，符合当地风俗和传统等等。这样的技术虽不发达，但相容于地方环境，具有良好的社会属性，所以建筑与地方的结合是有机的。进入工业社会以后，建筑技术发展一日千里，在效率和工具理性方面都达到了前所未有的高峰，而正是在其追求完美自然属性的同时却忽视了社会属性的同步完善——即技术与地方环境和人的关联，建筑由此缺失了地方性。

现代建筑技术传播所产生的一系列问题都是缘于其社会属性的不同步发展，问题的解决只能是重新寻求技术与地方社会环境的协调。日本技术评论家森谷正规曾对日、美、欧的技术进行了比较，他认为：“每个国家和地区的技

1　参见陈凡.技术社会化引论：一种对技术的社会学研究.北京：中国人民大学出版社，1995，p5–7

术向来都是该国文化的产物，日本技术的长处就是它来自日本的环境和民族特性，与本国的文化、生活方式和环境密切联系在一起。”所以他提出了“技术与社会一体化”的概念，即技术能否在一个国家获得发展以及发展的程度如何，这主要取决于“技术性格”和“技术风土”能否相互适应[1]。实际上他所提“技术风土”就是地方环境，“技术与社会一体化”就是技术与地方的整合。**建筑地方性重新确立的关键就是寻求建筑技术与地方的重新整合。**

3. 现代建筑技术自身的批判

寻求一种与地方整合的技术，不可能历史倒退地选择传统建筑技术，也不可能另起炉灶凭空构筑一种技术，理性的目光依然投向现代建筑技术，它毫无疑问还是技术选择的核心部分。现代建筑技术本身的发展也具有批判性，它总是在矫正自身的价值取向。

(1) 内在价值与社会价值

技术在实践与应用中体现了技术的价值，它的两重属性决定了其负荷价值的双重性，自然属性对应为内在价值取向，社会属性对应为社会价值取向。内在价值体现为技术对工具理性的追求，其宗旨是提高效益，完善其精确性、耐久性和效率性。比如建筑结构技术的发展方向就是用尽可能少的材料来获得最大承载力和最有效的空间，建筑施工技术和材料技术的目标是更快、更高、更强……现代建筑技术在这方面的成就有目共睹，许多梦想都奇迹般地成为了现实，技术所彰显的力量和展开的无限可能让人欢欣鼓舞，一个又一个的突破都是技术追求实现其内在价值的结果。技术决定论者认为，内在价值取向赋予了现代技术一种自律的力量，它按照自身的内在逻辑发展，已经渗透到了社会生活的各个角落，超越了器物工具的层次而成为一种处于支配地位的文化力量[2]。技术的社会价值取向体现为技术与特定地方的自然、社会、人文和经济环境的融合和适应。建筑技术的社会价值负荷表明建筑技术不仅是解决工程问题的手段和工具，而且是社会的产物，是伦理、政治与文化价值的体现。

技术的两重价值取向是相互影响，相互制约的。一方面技术内在价值的不断追求对地方环境中的各个领域都产生深刻的影响，同时也受到环境的制约；另一方面技术社会价值的追求规定了技术的发展方向和规模，同时也必须受到技术内在逻辑的约束。

与地方整合的建筑技术就是其内在价值和社会价值相互协调的技术。发展过程中，现代建筑技术之所以与地方割裂，原因就在于其内在价值取向和社会

---

1 森谷正规.日本的技术.上海：上海翻译出版公司，1985，p48

2 参见高亮华.人文主义视野中的技术.北京：中国社会科学出版社，1996，p15-17

价值取向的不协调。它过于注重内在价值，不断追求效率和讲求工具理性，却忽视了社会价值，避开关注地方环境的特殊性。忽视地方自然环境则引发生态危机；不顾地方文化特色则导致传统文化的迷失；不考虑地方经济条件则导致资源浪费。所以一方面技术成就达到前所未有的高度，一方面带来的负面影响也是巨大的。人类今天所面临的生态危机、文化断裂等全球性问题印证了海德格尔关于技术发展的警示——“技术在工程上的巨大成就和由此得到的热烈喝彩反衬的是西方人文社会学者的深刻质疑和猛烈批评，技术在以技术理性的方式无比自信地承诺现实生活的繁华与欢乐的同时，却进一步加深了人们对彼岸幸福的迷惘和人文关怀的渴求，造成了自然的异化、社会的异化和人类的异化。”[1]经过沉痛的教训和批判的思索，现代建筑技术正在面临价值取向的调适。

(2) 价值取向的调适

调适的目的就是使得技术的内在价值取向和社会价值取向取得协调，如哈贝马斯所言，就是使得技术的理性实现真、善、美的统一。调适应该是双向互动的，一方面调适内在价值取向使得技术更容易融合于特定环境，另一方面亦调适社会价值取向以有利于社会接纳新技术或促进技术革新[2]。

调适内在价值取向意味着批判现代技术纯粹的功能主义和工具理性倾向，重新确立协调于特定环境的内在价值目标。这一目标可阐释为技术的最佳综合效益。为实现这一目标，既要着眼于地方，又要着眼于外部环境；不仅关注经济效益，而且也关注社会和生态环境效益等等。这样的技术目标其实为技术的选择打开了很多扇门。比如传统技术和地方技术在效率性上可能不及现代建筑工业技术，但在解决生态环境问题和地方就业问题等方面，依然是有所作为的，它们的综合使用可能具有较高综合效益。技术本身是附带价值取向的，在工具理性主导的技术格局中，审美亦被其左右。现代主义建筑的先锋们一般认为秩序来自标准化和重复——当使用尽可能少的要素而尽可能多次重复时，最大化的秩序得以实现。而在多元价值被广泛接受的当代，秩序与个性化并不矛盾。实际上，建筑制造已经实现了可变性的生产。CAD（计算机辅助设计）和CAM（计算机辅助制造）的介入使得整个生产过程都可以依据个性选择进行调整。日本关西国际机场的空间网架形态是根据受力优化而得，它的每个部件几乎都不同，但是通过CAD和CAM，只要简单地改变

1 转引自邓浩.区域整合的建筑技术观.东南大学博士学位论文，2002，p1

2 陈凡将那种与社会整合的技术称为“社会相容技术”，它不片面强调技术对社会的适应性而仅对技术进行单方面的整合，同时还要通过对社会环境的改善，使社会风土更加适应技术的生存和发展。

参见陈凡.技术社会化引论：一种对技术的社会学研究.北京：中国人民大学出版社，1995，p10-14

输入数据，它还是实现了工业生产的高效率。即使没有高效率的可变性生产，个性化的实现也是值得期许的，因为适宜技术的终极目标是综合效益而非高效率。现代技术被赋予多元价值时，一个重要的个性化调适杠杆就是特定环境的要求。

调适社会价值取向意味着批判看待原有地方传统，用理性精神将其予以改造并纳入到现代性的构架中来。地方性应该与时俱进地发展着并与技术发展取得协调，使得技术能在一定环境内发挥最大功能。地方性具有动态特征——地方经济是发展的，地方环境承载力是可增减的，地方文化在交流中是变化着的，价值观念、生活方式和行为准则等都是在不断发展变化的。社会价值取向调适的方向就是使得地方环境与现代技术能相互适应，创造一个有利于现代化进程的社会环境，促进社会的进步。对于中国这样的发展中国家，纳入到现代性框架并不意味着外来的取代了本土的，而是产生了一个新的原创产物。它不和以前存在的元素全然相似，而是一个文化创新的结果。

可见，这种双向调适所确立的目标正是适宜技术所要实现的。适宜技术是指针对具体作用对象，能与当时当地的自然、经济和社会环境相互适应并以取得最佳综合效益为目标的技术系统。它不是凭空出现或者从头来过的一种技术观，而正是批判并继承现代技术的结果。这就奠定了现代技术在适宜技术框架体系内的平台支撑作用，这不仅因为现代技术是惟一选择，而且也因为现代技术是可行的选择。

(3) 现代建筑批判性的传统

纵观现代建筑的发展历史，也可发现现代建筑本身批判性的传统。

一方面，对现代建筑技术的批判在现代建筑发展史中从未间断过，这集中体现在三方面：

首先是批判现代建筑技术对自然生态的破坏。集约化的现代技术与自然过程的流动性和循环性格格不入，技术活动与自然生命的背离割断了作为人工自然的建筑物与自然环境的关系，破坏了生物圈整体的有机联系，使得建筑成为一种站在自然对立面的纯粹消耗自然资源的消费机器。批判的结论是重新确立技术、建筑与自然的和谐关系。“设计结合自然”[1]、绿色建筑、生态城市和建筑等概念的提出是批判的成果，在此基础上又进一步树立了全球意识和可持续发展等观念。

其次是批判现代建筑技术对多元文化的忽视。现代建筑技术的功能主义倾向使得建筑商品化，文化传统和人的心理需求的多样化被淡化。后现代主义就

1 ［美］I.L.麦克哈格.设计结合自然.芮经纬译，北京：中国建筑工业出版社，1975

是伴随着文化批判而出现的，代表人物有文丘里、格雷夫斯等，后现代主义强调“文脉”的重要性，批评现代建筑技术的抽象理性和割裂文化传统的做法，认为建筑应该反映文化和人类心理需求的多样性。文丘里认为“建筑是复杂和矛盾的……要兼容而不排斥，宁要丰富而不要简单，不成熟但有创新，宁要不一致和不肯定也不要直截了当，杂乱而有活力胜过明显的统一。”[1]尽管很多后现代建筑在传达文化信息方面流于肤浅，但这一理论在建筑界影响深远。因为现代建筑技术基本上孕育于西方文明的母体，所以它对发展中国家的文化冲击尤其明显。引进的技术较难和地方文化融合，所以才会有本土技术路线和“中间技术”等概念的提出，目的就是为了保护地方文化的多样性。

第三是批判现代建筑技术对人的异化。技术的突飞猛进使得人类越来越依附于机器，从而可能成为被技术所支配而失去创造性和个性。建筑设备的强大功能完全可以满足人在封闭空间内的各种需求，人自身与外界环境交流方式的季节性变化与地方特色消失。这种担忧的普遍存在，使许多人开始转向怀念具有人情味的传统手工艺和地方技术，这自 19 世纪的工艺美术运动就已经开始。

另一方面，地方性建筑理论和实践一直和现代建筑全球化的事实如影随形。自现代建筑开创以来，游离于主流之外的地方化与人情化倾向的创作一直存在，如阿尔瓦 · 阿尔托、赖特、博塔、丹下健三等建筑师的实践。“十次小组”在 1950 年代就批评现代建筑对理性主义的狂热追求，提出“归属感”和“场所”等概念。罗伯特 · 文丘里在其著作《建筑的复杂性与矛盾性》中主张建筑应该直接与它所在地的渊源相关，这种主张在“后现代主义”中以“文脉”概念出现，其著名的文化格言是“场所的创造”。1981 年阿历克斯和丽莲发表的《网格和路径》首次提出“批判地方主义”的概念，认为“批判地方主义的基本战略是间接获取某一特定地点的特征要素来缓和全球性文明的冲击。”[2]弗兰姆普敦 1982 年发表《走向批判的地方主义》，进一步提出了“批判地方主义”的六个要点，确立了批判的地方主义理论框架。批判的地方主义理论已经开始具有双向调适的概念，不仅强调了地方性，而且主张批判看待地方性的发展。从其用词“间接”和“批判性”可看出，它并不主张一种简单的纯粹的回归，而是创造性的再现和发展地方特色。1999 年，北京 UIA 第 20 届会议签署的《北京宪章》倡导建立“全球——地方性建筑学”，提出“现代建筑地区化，地方

1 [美] 罗伯特 · 文丘里. 建筑的矛盾性和复杂性. 周卜颐译，北京：中国建筑工业出版社，1991，p1

2 转引自[美]弗兰姆普敦. 现代建筑：一部批判的历史. 原山译，北京：中国建工出版社，1988，p396

性建筑现代化”的口号，这是对批判地方主义建筑理论的继承和发展。至此，已初步确立了对待现代建筑技术与地方性的辩证态度。

对地方性的重新认识和对现代技术的批判继承是适宜技术观得以确立的两个重要方面，是现代技术在其社会价值和内在价值方面双向调适的结果（图2-01）。**适宜技术是一种与地方整合的技术系统。**

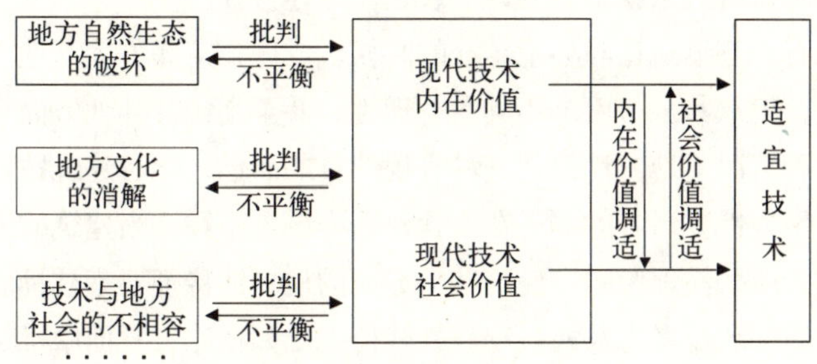

图2-01 适宜技术与现代技术的关系

第三节 地方性建筑中的适宜技术策略

1. 适宜技术的角色——表现与表达

在当代建筑回归地方性的时候，建筑技术的角色就是帮助建筑确立与地方自然条件、经济形态、文化环境和社会结构的特定关联，通俗地说就是回答一个问题——“怎么建造地方的建筑”。然而建筑与地方的关联程度是弹性的，甚至可以说建筑或多或少总会在某一层次上回应了地方特定条件：或者是符合地方经济条件；或者是适应了地质地形条件；或者是形式上与周围环境有所呼应；或者仅仅是符号的象征唤起了某种浅层次的感应。我们周围许多平庸的建筑都可能具有这样的特质，但是建筑地方性的诠释就仅止于此吗？为提高地方性建筑的品质，应当从什么角度寻求建筑与地方的关联性呢？

在这里就需先引入一对概念——表现与表达。表现通常是指着意于渲染事物某些特质，带有较强烈的主观色彩；相反，表达是指较客观地再现事物的某些特质，着意于反映事物的本来面貌。通常来说，建筑总是会同时包含表现与表达这两种方式。一方面，建筑是创作的作品，所以人的主观愿望必然折射到建筑作品上。建筑师要表达思想彰显风格，甲方要树立企业形象等等，这些主观愿望反映在建筑创作中就是表现的内容。另一方面，建筑也是客观的产品，它必然受到各种当地现实条件的限制，诸如造价的限制、地形条件的限制甚至是地方风俗的限制等等，在建筑创作中对这种限制的具体化回应就是表达的内容。

这种概念同样可以引申到建筑地方性的诠释方式中去，建筑技术作为中介手段，它同时负荷这两种诠释方式。建筑与地方的关联性是个整体综合的概念，然而这种关联性又可局部地反映在各个方面：与地方自然的关联、与地方经济的关联、与地方文化的关联等等。能与地方环境有机结合的建筑必然在各个方面都与特定地方有合理的关联，在回应地方自然环境的同时也回应了地方经济与文化，此时建筑技术就是客观地“表达”了地方性。

然而也有一些建筑在与环境结合的时候，或许在某些方面与地方环境有着特定的关联，但在其他方面却不具备合理性，甚至是牺牲其他方面来成就某一方面，在这种情况下地方性只是一种表现的目的而已，此时建筑技术的角色就是“表现”地方性。后者的例子在当代建筑中屡见不鲜，当建筑的地方性只是一种噱头或者被肤浅理解时，建筑某一方面的地方性特征要素被抽取而着力渲染，其他方面却缺少考虑甚或付出额外代价。比如在建筑立面中拼贴堆砌符号以表现地方性是一段时期内中国建筑界相当流行的做法，这种方式固然是意图确立建筑与地方文化的关联，但这种关联性由于其存在理由的肤浅勉强而失去真实性。又比如时下某些建筑为了寻求噱头紧跟潮流，着眼于“生态建筑”概念，但由于缺乏真正的绿色技术的支持，只能作一些表面文章，其产品可能在某些显性指标上达到了“环境友好”的目标，但是可能背离了真正的生态原则，或者与地方文化氛围格格不入。在一定程度上可以说，这种建筑未建立起与地方的有机关联，因为它们着力于“表现”某方面，而不是真实地“表达”地方性，表达注重的是整体性和真实性。

如前文所述，适宜技术的应用原则是“整体适宜”，所以在诠释地方性的方法中，适宜技术所关注的是表达的层面，它并不强调在某一方面的着力表现。不可否认，**一件成功的地方性建筑作品，可能会突出地表现了某一方面的特质，或者抽取地方气候特征要素，或者截取地方文化特征要素，但是这种表现应该是以整体表达地方性为基础，即不损害建筑在其他各个方面与地方的关联性。**当符合这些条件时，建筑才整体地融入了地方环境之中。总之，**适宜技术不排斥“表现”，但主要关注的是“表达”。**

2．适宜技术的应用策略

适宜技术的目标集中体现在两个方面：提高综合效益和提升社会相容性。如前所述，注重技术效率是技术追求内在价值的结果，重视技术与社会的相容性是技术追求社会价值的结果。适宜技术是以现代技术为平台的多样化技术体系，以现有一切科学知识经验为基础，所以它在实践中的应用策略就体现在对现有技术的综合运用中。**这种综合运用包括对现有技术的调适、组合运用以及**

创新，其目标就是提高综合效益与提升社会相容性。

(1) 提高综合效益的策略

技术是配置资源的手段，最佳综合效益的技术就是最合理有效配置资源的技术。合理的资源配置应该符合可持续发展准则。这里所谓的资源是一种广义的理解，它包括物质资源、社会资源和人的资源三大部分。物质资源包括自然资源与环境、城市和建筑等；社会资源包括社会结构、组织、文化、经济基础、科学知识等；人的资源包括人口、劳动力和创造力等等[1]。这三种资源在一定程度上相互重叠，其中任何一种资源的可持续发展都依赖于人类自身的行为并影响到其他资源的生存状态。社会越发展，生产力水平越高，这种互相制约的现象就越明显，相互作用的体系也越复杂。

资源配置的度量标准就是效益，效益所追求的是以尽可能少的资源实现最大的利益。与传统的效益观念不同的是，适宜技术所追求的效益并不集中于经济性一方面，其含义被扩展了。通过归纳，资源配置合理性的度量就分别体现在环境效益、经济效益、文化效益等方面，任何一方面效益的增减都会影响到综合效益，它是各向量的矢量合成（图 2-02）。从中可以看出，综合效益的提高在于每单方面效益的提高；同时也表明，单纯地提高一种效益对于提升综合效益的效果是有限的，有时甚至导致“此消彼长”的局面，所以整体性的提高和综合权衡才具合理性。从中可归纳出**适宜技术提高综合效益策略的两个重要方面：一、最大限度提高单方面效益；二、均衡各个单项效益，找到最佳结合点。**

国际大环境和内部压力也迫使我国要实现发展模式的改变，从以往的单一

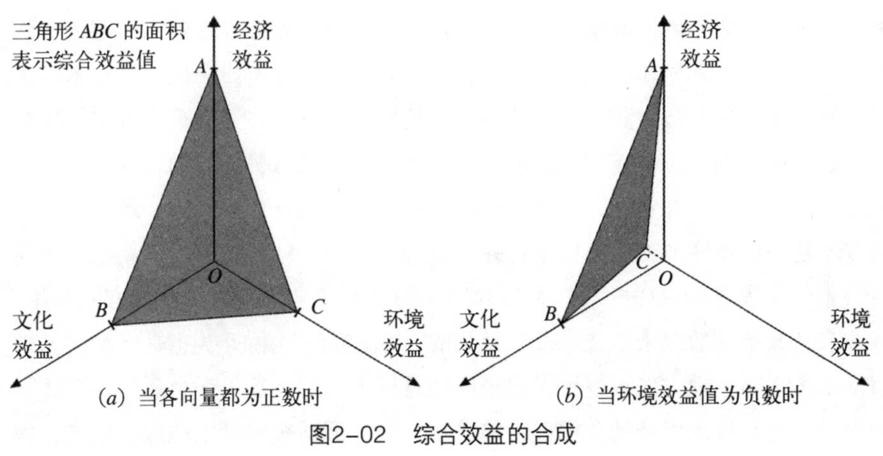

图2-02　综合效益的合成

1　参见董卫、王建国编著．可持续发展的城市和建筑设计．东南大学出版社，1999，p46

注重经济效益到关注综合效益。我国的二氧化碳排放量目前居全球第二，而且预计几年内超越美国成为第一，将被指为是全球气候变暖的主要责任国之一。所以，作为一个负责任的大国，我国必须改变目前的粗放型经济发展模式，提高资源的利用效率，减少废气的排放。建筑领域作为全国的能耗巨头，自然是责无旁贷。文化效益体现在保持文化的独特性上。几年前我们的地区决策者们或许还觉得地方特色的消失是件欣喜的事，因为这被认为是“现代化”的必然结果；相反，地区的一成不变是没政绩的体现。现在这种观念也在悄然改变，前几年被破坏的近几年又在恢复。挖掘地方特色本身就是一种文化产业，它是可以导致经济效益的。另外，文化的不同也是促使文化发展的外部因素，一种文化只有从另一种文化中汲取营养才能保持自身的创造力。

(2) 提升社会相容性的策略

适宜技术的社会相容性与其综合效益息息相关，社会相容性是技术在特定地方的发展过程中获得，技术在此过程中同时产生了社会效益。技术是否和地方社会相容正是适宜技术提高其综合效益的门槛。当代技术实践的主要问题所在就是技术和地方社会的不协调，一方面技术能力飞速发展，另一方面又是技术无用武之地的现实，究其原因是技术的社会属性和自然属性不同步发展。

提升社会相容性的策略是一方面调适技术本身，充分利用地方的资源和技术，采用综合性的解决方案，找到技术与当地社会的结合点。这种结合点正是批判地方主义理论所提出的地方性“间接”要素特征，它可以是地方气候条件、地方材料、地形地质条件或地方传统文化语汇等等。中国建筑技术发展的现实问题就是技术与地方的脱节。中国现有技术的基础是西方的现代工业技术，体系也基本是照搬了西方的模式，技术与社会的整合不充分，这就不可避免导致了技术模式的千篇一律和地方特色日渐式微。所以当前阶段中国适宜技术的策略依然是完成现有技术和潜在技术与社会的整合，在地方性建筑实践中体现为探索建筑技术的地方性应用和创造性地发展地方特色。另一方面，要调适社会心理，使社会更具开放性，更易于接纳新技术以及促进技术创新。地方性和传统并不是一成不变的，地方技术也处于动态发展中。地方技术的创新依赖于现代技术的介入，所以一个对外来技术宽容的开放社会是技术创新的有利环境。我国自从改革开放以来是技术发展最快的时期，地区保持开放也是吸纳技术转移的基本策略。地方保护越厉害的地区越是技术落后，这是一个恶性循环。从上可得出**适宜技术提升社会相容性的策略：一、调适技术使之适应于地方，找到技术与地方的结合点；二、调适社会心理，使之有利于接纳新技术**。前者是重点，因为我国目前建筑技术最大的困境就是忽略个性与地方性。后者要求我们批判看待传统并发展传统，使之不成为技术创新的桎梏。

下面将先展开论述适宜技术在自然环境、经济、文化三个环节提高效益的策略（第三、四、五章）。在论述每一环节的同时，亦讨论两方面问题：1. 适宜技术如何找到与地方的结合点以完成调适；2. 社会心理如何调适以有利于技术发展。

小结　本章可简称为理论建构

本章首先明晰了当代地方性建筑的基本概念问题。地方性是建筑的基本属性之一。在现代建筑的发展过程中，地点与空间的特殊对应关系曾被忽视。地方性的“自觉”回归是当代建筑的发展使命，但它并不是作为对抗全球化的角色而出现。理性是现代性的精髓所在，它与地方性没有不可调和的矛盾，确切地说，它已经从最初“排斥地方性”的技术理性中走了出来。文化个体之间可以实现理性交流，通过信息互换、文化碰撞和批判整合达成理性的共识，在完善自身的同时也保留了特殊性。地方性建筑这一命题的当代内容就是借助现代技术和与其他地区文化的理性交流来实现自我超越。在当代中国，“地方性”这个问题的出现本身包含了双重的历史意味。一方面，现代化过程在中国还未完成，它还将以其他的形式出现在我们面前。另一方面，它也暗示着，中国当代地方化是以现代化的展开为客观条件，用理性批判的工具来改造传统的过程。

文章随后通过进一步剖析建筑技术与地方性的关系，着手建立了当代适宜技术基本策略的构架。建筑技术表现出两重属性：自然属性和社会属性。两重属性发展的同步与否决定了建筑地方性的表现状态。现代建筑技术传播所产生的一系列问题都是缘于其社会属性的滞后发展，问题的解决只能是重新寻求技术与地方社会环境的协调。现代建筑技术之所以与地方割裂，原因就在于它过于注重内在价值，不断追求效率和讲求工具理性，却忽视了社会价值，避开关注地方环境的特殊性。现代建筑技术的调适是双向互动的过程：一方面调适内在价值取向使得技术更容易融合于特定环境，另一方面亦调适社会价值取向以有利于社会接纳新技术或促进技术革新。调适内在价值取向意味着批判现代建筑技术工具理性倾向，重新确立协调于特定环境的内在价值目标。这一目标可阐释为技术的最佳综合效益。为实现这一目标，既要着眼于地方，又要着眼于外部环境；不仅关注经济效益，而且也关注社会和生态环境效益等等。调适社会价值取向意味着批判看待原有地方传统，用理性精神将其予以改造并纳入到现代性的构架中来。

对地方性的重新认识和对现代技术的批判继承是适宜技术观得以确立的两个重要方面，是现代技术在其社会价值和内在价值方面双向调适的结果。双向调适的目标集中体现在两个方面：提高综合效益和提升社会相容性。提高综合效益策略体现在两个方面：一、最大限度提高单方面效益；二、均衡各个单项效益，找到最佳结合点。提升社会相容性的策略体现在两个方面：一、调适技术使之适应于地方，找到技术与地方的结合点；二、调适社会心理，使之有利于接纳新技术。

第三章　地方性建筑中适宜技术的环境策略

第一节　建筑技术与自然的对立与融合

1. 从融合到对立

在早期人类改造自然能力相对低下的时期，所能掌握的技术是有限的，一切技术活动莫不严格遵循自然原则，以适应自然为前提，此时技术从属于自然。传统建筑技术都充分回应了地方气候、自然环境、资源等条件。比如在潮湿地区，人们普遍发展了架空并透气的干阑式建筑技术，以解决防潮和通风问题；在干热地区，人们建造封闭并局部下沉的土坯式建筑，以防热和保持水分。在当时的条件下，自然观是朴素的。在古代中国，宇宙观讲求“天人合一”，人把自身视为自然中的一部分，主张人与自然的和谐共生，顺应自然规律，认识并把握自然规律而巧加运作，所谓“人道”顺应“天道”。《黄帝内经》中记载“作天地之祖，为孕育之尊，顺之则亨，逆之则否”，《葬经翼》中也有“山川自然之情，造化之妙，非人力所能为”[1]。在这样的自然观指导下，建筑技术与自然之间是融合协调的关系，建筑建造活动一般是利用可得的地方材料和能源，用朴素生动的建筑技术与设计手法来满足人类居住需求并适应地方自然条件，充分做到“因地制宜，因材致用”。

人与自然的对立始于近代。机械的自然观代替了朴素自然观，主体与客体开始分离，人类将自己置身于自然的对立面，将自然视为客体进行征服。这种自然观强调人对自然的主体统治地位，将自然视为可量化可分解的对象，在认识对象时强调可抽象性、可计算性和可替代性，它在客观上刺激了现代工业技术的勃兴。经过工业革命，技术获得了飞跃式的发展，人类逐渐获得了支配和控制自然的能力，摆脱了对自然的屈就和顺从地位。人与自然开始对立，技术作为人类征服自然的工具亦走向了自然的对立面。建筑的建造活动中，建筑技术的目的是营造人工环境，快速大量地建设人工环境正是被视为人类征服自然环境的成功标志。建设效率的提高归功于机械设备、框架结构、钢铁结构等建筑技术的发明和应用。例如空调设备的发明，极大加强了人工环境小气候的调

1　转引自任怡．中国传统地方建筑适宜技术的启示．重庆建筑大学硕士学位论文，1999，p44

控能力，建筑可以不再受制于外界自然气候条件。无论在什么气候条件下，人工环境内都可保持舒适。这无疑是人类征服自然的伟大胜利，但同时这种能力的扩张亦加深了技术与自然的对立。空调设备在带来舒适的同时，也带来了能源浪费和生态破坏的弊端。对设备的完全依赖使得建筑可以不再呼应地方气候条件；制冷剂的使用和生产要么破坏臭氧层，要么导致温室效应；设备运行方式大大限制了开窗方式的多样性。科技的极大成就反过来刺激了人类征服和扩张的欲望，人们以此为工具使世界服从生产的秩序，以无节制的资源掠夺来满足自身无止境的物质需求。人与自然、技术与自然之间的关系由原来的和谐转变为对立，从而导致矛盾丛生。人类将自己带入了生态危机、人口膨胀和环境恶化等一系列棘手问题当中。

2．回归融合的适宜技术

在经历了自然的惩罚之后，人类开始反思自身与自然以及技术与自然之间的关系，生态理论和可持续发展思想在此过程中产生并发展。人类已普遍意识到保护生态环境的重要性，并认识到自身是自然系统的一部分。现代工业技术是能源密集型技术，以很高的资源投入来得到高产出，但是由于许多资源的消耗根本未计入生产成本中，所以尽管微观层面上的效率是可观的，但是站在全球的角度来看，其效益是很低的。比如美国人口仅占世界人口5.6%，却消耗世界矿物资源的40%[1]。如果这种消耗型技术模式继续在更广的范围内发挥作用，人类终究会达到“增长的极限”而面临生存的困境，其出路在于选择一种新的发展模式。

1972年，联合国在斯德哥尔摩发表了《人类环境宣言》，其中指出：“人类是环境的创造者，也是环境的改造者，环境不但提供给人类物质的需要，而且也提供人类智慧、道德以及精神上成长的机会。人类必须与大自然协调一致，运用知识来建立一个更好的环境。”[2]各国家和地区都对此采取了积极的态度，能源消耗大户欧洲承诺到2000年，为减缓全球气候变暖，将努力使二氧化碳释放量降低50%。在人类所排放的二氧化碳中，至少有一半是由城市和建筑相关系统如能源、通风、照明和空调系统所产生。

建筑界重新审视技术与自然之间的关系，思考建筑与自然之间的协调问题以及可再生能源的利用问题。建筑师开始遵循环境价值准则和进一步明确自己的社会责任感，他们在设计实践中自觉运用环境友善型技术来创造具有地方特色的建筑。从柯里亚的地方性建筑，到福斯特的生态高技建筑，或者是杨经文的生物气候摩天楼，都可看到环境价值准则的具体贯彻以及建筑师的责任感。

1　数据来源：[英]E.F.舒马赫.小的是美好的.虞鸿钧等译，商务印书馆，1984，p79

2　转引自董卫、王建国编著.可持续发展的城市和建筑设计.东南大学出版社，1999，前言新的技术模式是可持续发展得以实现的保障，它应当遵循环境价值准则。

新技术模式的确立经历了漫长的探索时期，无论是中间技术、替代技术、软技术，还是绿色技术、生态技术等等，它们都试图寻求技术与自然环境的融合，确立技术的社会价值，这是当代技术发展的轴心内容之一。这样的技术系统正在逐步建立，思路也日渐清晰。生态技术的主要目标就是技术与自然的融合，它是现代技术生态批判的直接产物，代表的是技术发展的一种理想境界——既满足人类发展需求，又遵循自然的规律。**当代适宜技术也是以技术与自然的融合为目标的技术系统，它所要寻求的是人类当前的发展需求和遵循自然规律性两者之间的平衡点。环境效益是权衡适宜技术综合效益的重要单项指标，适宜技术环境策略的主要目标就表现为追求最佳环境效益。**

第二节　适宜技术与自然的融合方式

1. 生物区域观

适宜技术环境观的基础来自于生物区域观。生物区域表示的是在一定区域中的生命形式、地形地貌以及全部生物种群，一定的生物区域是“一个合理的、具有人类尺度的组织系统，它在自然生态过程方面相对独立，在经济方面能够基本自立，在政治和行政方面也能够自成一体”[1]。生物区域是地方人工环境和自然环境的集合，这种概念欲表明的主张是：一定区域内人类的社会经济活动与自然环境的生态平衡须保持一致，两者须处于一个相对统一和独立的行政框架内，使资源利用、社会经济效益、环境保护和政府职责协调一致。建立生物区域是为了减少由于人类聚居的建设而对自然环境系统所产生的破坏，保证发展的每一阶段都能够提高环境自我更新的能力，即保持地方区域的可持续发展能力。总的原则就是要保证人的活动强度不超过环境承受能力。生物区域的概念超越了地理区域概念。一定范围的人类聚居区，它所需要的环境资源支持范围要大得多。特别是城市，它的“生态脚印”远远超出了地理区域范围。在一定技术水平条件下，环境的承受力也在一定范围，所以，城市的发展和建筑活动充分考虑其地区环境的承受力。

2. 保护自然

(1) 建造的环境效应

建筑技术的基本目的是为人类营造人工环境，人工环境不可避免对所在地

1　董卫、王建国编著．可持续发展的城市和建筑设计．东南大学出版社，1999，p12

区的生态环境造成影响。这种影响分为直接影响和间接影响。

首先可能对地区自然环境造成直接影响，如植被状况的改变、地形和土壤结构的改变、水资源的变迁等等。由于建设活动太多，建造者不再就地取材而从外界输入各类原材料及产品，其利用率受科技水平限制又较低下，造成大量弃置和金属元素在环境中浓度的增加，危害了自然甚至人类自身。建设活动也导致土壤含水量减少和地下水位的降低，因为地表不渗透水面积大增使得大部分降水形成地表径流而流失，地下水失去补偿（图 3–01）。有一些建设工程甚至要求排出地下水。由于大量的建设活动，生物群落一般只能以斑点状和条状存在，建成区气候相对于周围临近地区具有高温、低湿和低风速的特点。

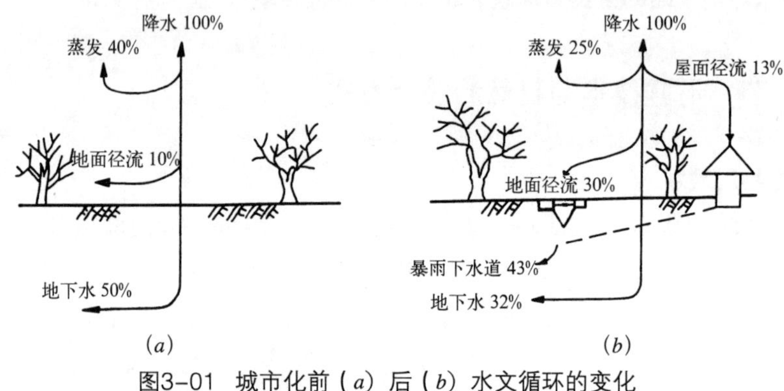

图3–01　城市化前（*a*）后（*b*）水文循环的变化

其次可能通过与地区人工环境的关联作用而间接影响到地区自然生态环境，城市内的情况尤其如此。建筑物的耗能、排废首先影响到地段的小气候，从而间接地改变地区生态环境。建筑内大量能源消耗释放出了热量和 CO_2、SO_2、水及其他颗粒物，它们改变了地区大气组成，从而引起诸如热岛效应和气候穹隆等现象，更广范围的还有温室效应、酸雨、臭氧层损耗等。

建筑活动通过对地区生态系统的物质流、信息流和能量流的改变从而实现对地区环境的影响，其中多数影响产生负生态效应。每新建 1 公里长公路，土壤的侵蚀量每年为 450 ~ 500 吨；每砍伐一亩树林，每天地球就会多产生 67 公斤 CO_2，少产生可供 67 个成年人呼吸用的 49 公斤氧气，在一年内多出 22 ~ 60 吨无法处置的灰尘[1]。由于建筑物的影响，城市风场静风次数比郊区多 5% ~ 20%，易形成高浓度大气污染，比如 1980 年代初期，上海市区比郊区 CO_2 平均浓度高 3.9 倍，漂尘平均浓度高 1.4 倍，大气中铅浓度平均高 2.9 倍[2]。

1　数据来源：杨士弘等.城市生态环境学.北京：科学出版社，1995，p14

2　数据来源：王朝晖.中国当代可持续建筑理论框架与适宜技术的探讨.清华大学博士学位论文，1999，p109

(2) 建筑的生态化

保护是一种自觉性的行动，表明人类环境意识的觉醒。**适宜技术在环境方面的“适宜性”就表现在针对生物区域的特点选择最恰当的技术。适宜技术环境策略的目标为追求最大环境效益，而最大环境效益则体现为自然生态系统的完整程度或可修复程度。**适宜技术在营造人工环境的同时，所追求的最大环境效益就是尽力维持自然生态系统的完整性。这种完整性并不是原封不动，而是要使得自然被损害的程度不超过它自身恢复的能力。环境具有一定承载力。库兹涅茨环境曲线（图 3–02）表明的是不同发展政策与环境承受力之间的关系。在第一种发展政策中，超越生态平衡线的环境不可修复，持续发展能力被削弱，而适宜技术所要推行的发展之路对应的是第二种发展政策。

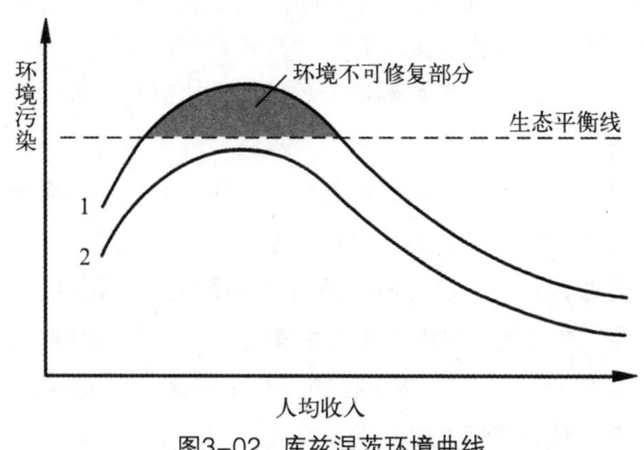

图3–02 库兹涅茨环境曲线

(3) 保护自然的多种策略

针对建筑对地区自然生态环境的直接和间接影响，适宜技术保护自然生态环境的策略体现在各个方面：**1. 选择对环境损害轻微的技术，利用地形，注重植被、土壤、水资源和景观的保护；2. 选择能充分利用地方资源和可再生能源的技术；3. 注重重复利用和循环利用；4. 加强建筑节能环节，减少能源损耗以及三废的排放。**

适宜技术保护环境的策略贯穿建筑的整个生命周期。《北京宪章》中指出：“建筑是一循环的体系，将建筑生命周期作为设计要素之一……建筑物的生命周期不仅结合建筑的生产与使用阶段，还要基于：最小的损耗、少量的灰色能源（Grey Energy）消费和污染排放、最大限度的循环使用和随时对环境加以运营、整治。”[1]这种概念已经将建筑看成是有机的、有着自主循环性

1 国际建协“北京宪章”.建筑学报，1999/6

和流动性的生命体，它参与到地区自然生态的大循环系统中，它虽然是人工环境，但同时也属于自然链条中的一环。针对建筑的生命周期，适宜技术的环境保护策略应该遵循全寿命原则，即在建筑的设计、建造、运营和废弃的整个过程中尽量减少对环境的负面影响，在技术措施上可具体化为3R原则(Reduce,Reuse,Recycle)。

3. 回应自然

保护自然生态环境的主要对象是自然生态环境，考虑的是如何使得自然生态环境受建筑损害最轻微，而回应自然则主要针对人工环境本身，其核心问题是如何使得建筑融合于地区自然环境，创造和谐之美。只有在保护自然的基础上才能正确地回应自然。在回应自然的同时，建筑已经与环境有机地融为一体并为环境注入了生气。赖特主张的有机建筑正是强调了这样一种整体性。他认为建筑必须同所在场地、建筑材料以及使用者的生活有机地结合为一体，有机建筑就是“对任务和地点性质、材料的性质和所服务的人都真实的建筑”[1]。这是一种由内而外的建筑，它的目标是整体性，在这里，总体属于局部，局部属于整体。从这个意义上来说，回应自然也是有机建筑理论的核心思想。**适宜技术保护自然的效益体现在增加环境承受力和保留持续发展的能力，而适宜技术回应自然的效益则主要体现在增加建筑本身的效益，当然，这种效益是综合性的。**

适宜技术回应自然的策略体现在如下几个方面：1. 选择能有效结合地方气候的技术系统，使建筑能充分利用可再生能源，主要体现在自然采光、自然通风等被动技术的运用上；2. 选择符合地方气候特征的技术，使建筑获得宜人的物理环境，主要体现在维护结构的保温隔热、通风系统组织等方面；3. 选择能适应地方特殊自然环境的技术，增强建筑抵御自然灾害的能力；4. 选择能使建筑在形态上与周围环境融合协调的结构、构造和材料技术。可见，适宜技术回应自然的总原则就是使建筑适应自然、回归自然，其目的并不是征服和支配自然，而是在保护自然生态系统的基础上为人类谋求更为舒适安全的环境。

第三节　适宜技术的环境策略

1. 保护场地、利用地形

保护建筑所在场地是保护环境的第一步，它是指运用那些不损害或者是轻微损害场地自然生态环境的现代技术与设备，对场地植被、土壤和水体这些自

1　转引自西安建筑科技大学绿色建筑研究中心编著.绿色建筑.北京：中国计划出版社，1999，p88

然环境因素实施保护。景观是构成自然生态系统与场所特质的组成部分，特定的地形地貌本身就是一种自然风景资源。而在当代，人们习惯于用推土机一类的现代化设备对地形地貌进行改造，因为平地是实施标准化施工的最经济的先决条件。建筑不顾地形，与周围环境形成对峙的姿态。人工环境的嵌入不可避免会对所在场地的自然环境造成影响。适宜技术所要追求的是尽量减轻对环境的负面影响，避免建筑非理性的自我表现，最大限度地维持自然环境的原始风貌；或者利用地形，使得建筑与环境有机地融为一体。

在传统建筑中，保护场地的技术措施具有典型的地方特色。中国西北地区的窑洞往地下发展，地面的影响减少至最小。靠山式窑洞利用向阳坡依山就势层叠布置，底层窑洞的顶通常就是上层的平台和通路，窑洞群与山崖浑然一体；地坑式窑洞沿井院四壁布置，通过斜坡与地面联系（图 3–03）。所谓“上山不见山，入村不见村，院落地下藏，窑洞土中生”，建筑不占用良田耕地，自然环境得到了有效的保护。游牧民族的生活方式决定了他们的建筑必须便于迁徙，帐篷技术得到了发展，如中国华北地区的蒙古包（图 3–04）和贝都因黑帐篷。帐篷式建筑对场地的影响很微小，当它们从所在场地中拆除后，能保留场地原貌，这一点对于以放牧为生的游牧民族极其重要，因为保护环境与获得生活资料直接相关。以帐篷技术为原型，当代发展了索膜结构技术，在取得形式美感的同时，更为重要的应该是继承帐篷技术的场地保护理念。弗赖 · 奥托（Frei Otto）于 1967 年在加拿大蒙特利尔博览会设计的德国馆就秉承了这样的理念，它不仅形式上表现了自然之美，同时它可拆卸的结构形式符合场地影响最小化原则，符合博览建筑的特点（图 3–05）。除了博览建筑，当代有越来越多的临时性建筑，比如节日庆典构筑物，要求搭建迅速，拆除方便，这在客观上促进了轻型技术（light–tech）如预制板结构、索结构和膜结构等技术的发展。轻型技术主要原则就是“轻柔地碰触大地”，使环境负面影响减至最小。另外，

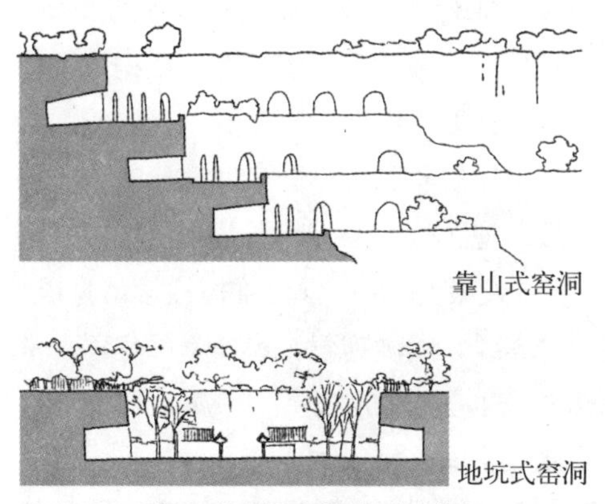

图3–03　靠山式窑洞和地坑式窑洞

图3–04　蒙古包（易于搭建和转移，整个蒙古包搭建不到半小时）

图3-05 加拿大蒙特利尔博览会德国馆（原型来自于贝都因黑帐篷）

当代的建筑应该注重对现有自然环境的保护，尤其是在自然景区，应使建筑与周围的自然环境和谐共生。通常的做法是舍弃了常用的地下基础，采用轻质材料，避免大型运输设施和施工机械设备进入场地而对环境造成干扰和破坏。

在城市地段内建筑密集区，同样应尽量保护现有植被和水土，如保留树木，适当栽植。广场铺装根据土壤结构和用途选择不同渗透性能的铺装材料，有利于排水和保护土壤结构。保护场地也体现在集约化的设计与建造中，即分析场地内的基础设施状况，最大限度利用已有设施如给排水、电力、电信和燃气管网等，减少基础设施费用及对场地的影响。节约用地是保护场地的一项重要措施。从宏观角度来看，土地使用愈紧凑，自然被侵扰的程度就愈小，建筑活动应该最大限度地减少占地表面积并使绿化面积少损失、不损失甚至增多，在城市地段控制适宜的建筑密度是有效的方法之一。土地利用的集约化也是城市发展的趋势，地下和地上空间的开发提供了土地利用的潜力，具有重大的环境效益。

在保护场地的基础上，利用地形是更为积极地将建筑与环境结合的措施，在不破坏或者最轻微破坏场地生态环境的同时，建筑亦获得了存在于特定场地的依据。中国传统民居所处地形复杂多样，有平原、河谷、高原、丘陵、沙漠，在建造时顺应地形、地势，因山借水，化不利为有利，既节省了人力、物力、财力，又保护了生态环境。传统山地建筑根据坡度不同有不同的构筑方式。缓坡采用填挖结合以形成台地；或垒土填石，提高勒脚；或结合高差形成错层。而陡坡则利用地形分层构筑，使屋顶逐层升高；或屋顶取平而地面不等高，采取前二层后一层的格局。四川民居将利用不同高度地形的方法归纳为“合、挑、吊、拖、梭”五种：合是利用坡高分层筑合；挑是挑出楼层或屋檐；吊是前后加撑柱做吊脚楼；拖是层层垂直于等高线，顺坡拖建，屋顶分层直下，室内有不同高度地坪；梭是拖长后坡顶，前檐高而后檐低，扩大部分多作为储藏空间，用气洞或亮瓦通气采光（图3-06）。安德鲁 1994 年在苏格兰霍利岛设计的佛教静

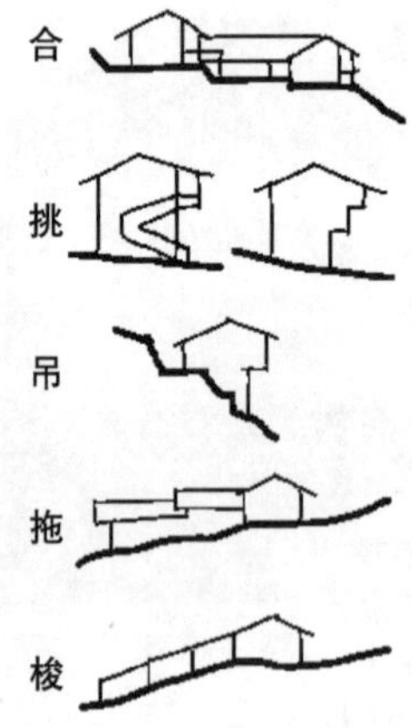

图3-06 四川民居处理山地地形的五种做法

修院是利用地形的典范之作。建筑群位于南坡的凸出地带以获得阳光，单元式的静修室顺坡排列，利用前后高差和房间的不同层高，使得每一单元都有充足的光线和朝南的阳台，建筑与地形完美结合，曲线形的屋面宛如从土地里生长出来一样（图 3–07）。建筑的能量消耗也很低，计算显示，这样一个单元消耗的能量只占一个普通家庭的 32%[1]。这是一个具有活力的、人类与自然和谐生存的场所。

图3–07　苏格兰霍利岛佛教静修院

2. 利用地方材料

利用地方材料不仅具有很好的经济效益，其环境效益也不可忽视。地方材料因地制宜，因材致用，取材方便，减少了运输环节，节约了能源消耗，不仅施工阶段的造价有所降低，也可以减少使用过程中的维护费用。地方材料一般都具有适合于地方气候的热工性能。爱斯基摩人的冰屋适合严寒的气候；北方游牧民族用皮毛制作的帐篷防风透气适合于草原气候；热带雨林地带的人用竹子搭建透气防潮的房屋。地方材料在中国传统地方建筑中得到了广泛的运用。自然条件和经济条件的限制使大量民居选择适宜经济的当地材料和坚固精简的构造方式，这些地方材料是天然的或经过煅烧，至今仍然是广大乡村住宅建设的重要材料来源。黄河中游早期气候温暖湿润，森林茂盛，自古就以木材为主要建材，因此发展了成熟的木构建筑技术，而一些地方民居则根据地方条件的不同采用木、砖、石、竹、芦苇、畜牧副产品等地方材料。

木材是中国传统地方建筑中应用最普遍的材料，它易于加工，构造方式灵活，具有广泛的适宜性。一般说来木结构建筑使用时间为 20 ～ 40 年，木材的成材时间与此相符，若木材植伐能动态平衡，木材是一种比较理想的地方材料。但是由于长期的砍伐，中国人均森林面积才及世界平均水平的 1/9 [2]，属于最低国家之列，所以，木材被限量使用。

土是中国较为丰富的建材资源。中国的黄土地带约有 63.5 万平方公里，占全国总面积的 7%，其中原生黄土层占 38.1 万平方公里，以黄河中游最为丰富，主要分布在山西、陕西、甘肃东南部、河南西部、青海和新疆等地[3]。这些地区开凿窑洞、砌筑生土建筑具有丰富的经验。即使在潮湿多雨的中国华南

1　数据引自：董卫、王建国编著.可持续发展的城市和建筑设计.东南大学出版社，1999，p151

2　数据来源：世界资源研究所等.世界资源报告1996–1997.中国环境科学出版社

3　数据引自：中国传统地方建筑适宜技术的启示.重庆建筑大学硕士学位论文，p21

地区，民居中也成功使用了生土材料，福建圆形土楼为大体量生土建筑，许多已有六七百年历史而完好无损。生土作为建材在我国具有较为广泛的适宜性(图3-08)。生土加工和使用技术各不相同，有垛泥、打坯、夯土、挖土窑。有的在夯土层加筋，有的利用土层的保温隔热性能，有的利用碱土等特殊土壤防渗性能，有的用砂、土、石配制三合土，还有的将泥土与植物纤维结合增加其稳定性与保温性。生土材料是无污染建材，夯土墙多年以后拆旧换新，可作肥料，是完全可以自我降解的材料，取之于自然还于自然，符合可持续发展的要求。窑洞是一种具有绿色概念的传统建筑类型，它具有以下特点：冬暖夏凉，有利于节能；就地取材，造价便宜；技术简单，可操作性强。它是具有生命力的居住模式，迄今中国仍有几千万人居住其中。但是窑洞也有采光、通风、湿度、疏散等方面的弊端。利用现代技术对其加以改造，可以增加窑洞的居住适宜性。有研究表明，土坯与乳化沥青结合，能增加土坯墙的防潮、耐候和稳定性，克服了土坯不适宜于潮湿环境的缺点。

石材也是易得的地方建材，在中国贵州、山东、福建沿海、四川和西藏等多山石地区应用较广。川藏地区的居民熟练地掌握了砌筑石墙的技术，碉楼的主要承重和屋面材料为石材，分隔材料多为木材和青稞草，它是成功运用地方

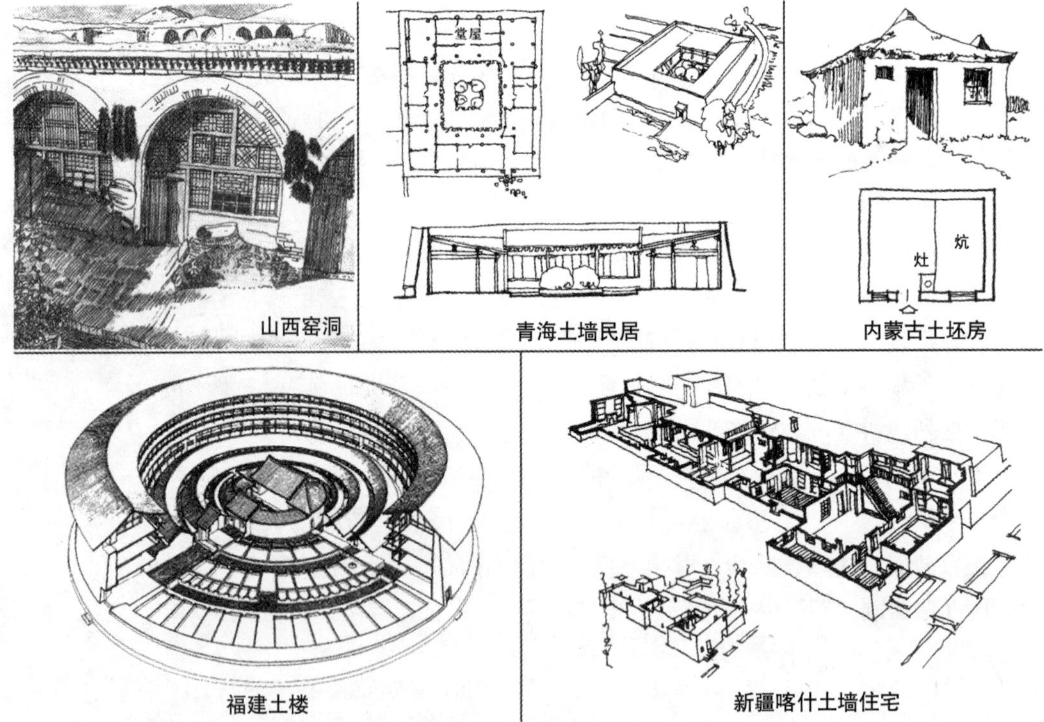

图3-08　我国以生土为建材的典型民居

材料的典范。石材从形态到种类都很多，有毛石、条石、卵石、砂石，可作基础、墙体和饰面（图3-09）。石材是一种天然的蓄热材料，它的热工性能可以被用于改善室内物理环境。由于石材有热延迟性，石墙白天吸收阳光热量，晚上则向内辐射供热，可以补充冬季供热。

贵州布依族石板房

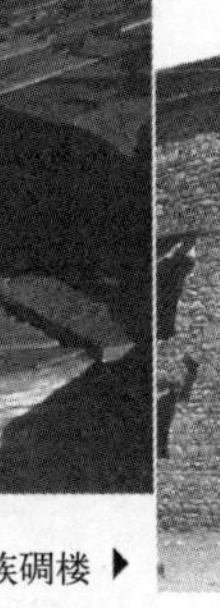

藏族碉楼

图3-09　我国以石材为建材的典型民居

还有一些地方天然材料对形成地方独特的技术和文化作用重大。中国西南地区多用竹材，傣族甚至“吃竹、住竹、烧竹”。竹材作为建筑材料有很好的柔韧性和轻便性，利于抗震，同时竹材及竹篱笆有良好的透气性，适宜于潮湿气候条件。由于竹的生长周期比木材短得多，而且竹的一些特性甚至超越了木材，比如韧性更高、弹性更好、耐磨性更好，所以竹往往可用作木材的代替品。现在竹地板已经和木地板一样广泛应用于装修。竹子搭建速度较快，民间技术简单而且成熟，一般只用绳子绑扎结合榫卯而不需要借助复杂的机械设备，充分利用了竹子中空而外层纤维坚固的特点。这样搭建的建筑具有良好的抗震性能。因为竹子沿着茎干方向容易开裂，所以一般不能用钉子固定。但是国外已经发展出了一种新型的“螺栓加水泥”技术来固定竹子，发明它的南美建筑师西蒙 · 韦雷（Simon Velez）利用这项技术，可以做出悬挑8m和跨度18m的竹结构。我国部分地区民间的竹子工艺相当精湛，不仅利用竹作结构，还能利用竹片编织作为建筑维护墙面和装饰，建筑非常具有个性化。

游牧民族的毡房也是就地取材，利用畜牧副产品——牛毛、羊毛、毡子等，保暖防风而且透气，并可循环利用，没有污染，也是生态型的优良材料。

胶东半岛沿海有一种独特的民居——海草石屋，用海草作屋顶，用乱石垒墙，极具地方特色，且房屋有突出的冬暖夏凉的效果。石材是当地出产的花岗岩，海草是潮水带来的浅海海带草，它耐腐难燃，保温隔热，经久耐用，其寿命可达数十年甚至上百年，就地取材且用之不竭，是一种优良的可持续发展的地方材料。戴复东教授在荣成市设计的北斗山庄创造性地使用这种地方材料，获得了良好的经济效益、社会效益和环境效益（图 3–10）。新疆石油职工太湖疗养院采用地方材料——马山石材，使建筑和环境协调融洽，同时也获得良好的经济效益，第一期工程的石材运费就节约了近十万元，其节约能源和减少污染的效益可观。印度当代一些建筑师如柯里亚、里瓦尔、多什等在设计中经常运用当地盛产的红砂岩，不仅取得了较好的环境效益和经济效益，建筑也显现出独特的气质（图 3–11）。相比之下，我国时下的一些工程项目中，从甲方到建筑师，很少会在地方材料方面花费调研时间，只是简单地从某个产品手册上选菜单，目的是把建筑包裹得华贵一点，但漂亮的包装下的建筑其实缺乏内容。

图3–10　山东荣城北斗山庄

图3–11　里瓦尔在新德里的世界银行办公楼中运用红砂岩

3. 采用节能技术

节能是适宜技术环境策略中的重要内容。单从适宜技术的环境效益方面来看，节能越有效，其环境效益越好，两者成正比关系。无论是对于保护自然环境还是回应自然环境，提高有效节能都是必经的途径。常规性能源的节约可使污染减少，减轻破坏自然的程度，保护了生态环境。节能的主要方式是利用地方可再生的自然资源。**通过对自然资源的有效利用，建筑与地方自然环境的纽带关系得以建立，建筑回归自然并获得了地方性。可见，节能的效益是多方面综合性的。**

能源危机是人类面临最紧迫的问题之一，节约能源是保持可持续发展能力的关键，也是取得最佳环境效益的关键因素。建筑的能耗是能源消耗的巨头，发达国家的建筑用能一般占到总能耗的30% ~ 40%，中国的建筑能耗大约占全国总能耗的11.7%，其中北方地区的供暖能耗就占其中89%[1]。随着中国经济的进一步发展，这一比例正不断攀升。截至1999年底，全国有各类房屋建筑大约370亿平方米，其中城市房屋73.5亿平方米，由于这些建筑多数是在1986年采取节能措施前建造，建筑能源利用效率低下，单位面积的采暖能耗为发达国家的3倍。每年城镇建筑采暖耗能1.3亿吨标准煤，占全国总能耗的11.5%左右，一些严寒地区的城镇建筑能耗高达当地社会总能耗的50%；乡村建筑使用非商品能源约2.48 ~ 2.6亿吨标准煤[2]。中国建筑能耗的增长速度大大超过能源生产的增长速度，因此节能是必然之路。

(1) 可再生能源和清洁能源的利用前景

使用可再生能源和清洁能源是走可持续发展道路的重要内容之一。1995年中国国务院批准了国家科委、经贸委、国家计委提出的“关于加强中国新能源和可再生能源发展报告”和《1996年—2010年新能源和可再生能源发展纲要》。中国幅员辽阔，拥有良好的可再生能源和新能源等自然资源。

中国可开发的风能资源为2.5亿千瓦，主要分布于东南沿海及内蒙古、甘肃、新疆一带，其有效风能密度大于200瓦／平方米，有效风力出现时间均在70%以上。这些地方正是常规地方能源缺乏的地区。1994年底的统计已表明约有14万台微型风力发电机组在内蒙古、甘肃、宁夏等地的草原牧区、边远地区投入使用。至今中国已投入生产的风力发电机组有从100瓦到5000瓦间9种，其中1000瓦以下微型风力发电机组便于单体建筑安装使用。至1996年底，中国共安装大型风力发电机近200台，最大单机容量600千瓦，总装机容量近5.7万千瓦，年发电量约为1.5亿千瓦时。

中国陆地表面每年接受太阳辐射能为50×10^{18}千焦，相当于1700亿吨标准煤。每平方米辐射能量为335 ~ 837千焦／年，年日照时数大于2000小时，辐射总量高于586千焦／（平方米／年）的太阳能资源丰富地区占全国总面积的2/3以上。西北地区和西藏高原年平均日照时间在2000小时以上，年辐射总量在1500 ~ 1800千瓦小时／平方米，尤其具有开发利用太阳能的巨大潜力。太阳能的主要利用方式为太阳能热和太阳能发电。

中国生物质的可再生能量按热量折合约为2.3亿吨标准煤，相当于农村能

1 数据引自：李卫红.建筑节能技术在村镇住宅中的应用研究.天津大学硕士学位论文，2001，p2

2 数据来源：韩爱兴.中国建筑节能工作的状况与对策.中国绿色建筑：可持续发展建筑国际研讨会论文集.中国建筑工业出版社，2001，p91

耗的53%。据1994年的年度统计，中国农村能源消费总量的42%为生物质能，仅作物秸秆每年有近6亿吨，其中一半可作能源利用。到1996年农村沼气池已发展到600万户，年产沼气近15亿立方米，通过沼气池建设，每年可处理有机废物2000万吨，处理200万人口的生活污水。中国首座垃圾发电厂已在深圳正式发电，带4000k W汽轮发电机组。中国生物质能丰富，但目前利用水平有限，资源浪费极大且造成环境污染。

中国拥有世界四条大地热带中的两条——环太平洋地热带和地中海－喜马拉雅地热带，已探明地热点3200多处，高、中、低温均有。已查明地热储量相当于31.6亿吨标准煤，远景储量达1353亿标准煤。到1994年底中国地热发电总装机容量达28.6兆瓦，排名世界第12位。华北、东北和粤闽沿海一带的中低温地热资源丰富，适宜直接利用，已在农业工业生产和城市供暖、疗养、洗浴等领域得到广泛利用。

中国大陆海岸线长达18000多公里，有6500多个岛屿，海洋面积470多万平方公里，海洋能资源约4～5亿千瓦，其中可开发的潮汐能为1亿千瓦，海洋温差能为1.5亿千瓦，盐度差能为1.1亿千瓦，波浪及海流能约为1亿千瓦。中国已经建成7座潮汐电站和一座潮洪电站，总装机容量1.3万kW[1]。

这表明，**在中国地方性建筑中利用再生能源和清洁能源走可持续发展道路是有充分条件的。**

(2) 太阳能建筑适宜技术

太阳能是清洁能源，而且取之不尽，用之不竭，节约燃料，是非常具有环境效益的能源之一。利用太阳能有主动方式和被动方式两种。主动式是利用设备将太阳能转化或者储存，它主要是一种设备技术；被动式不借助机械或动力设备，只依靠太阳能自然供暖，是一种较简单且具经济效益的适宜技术。被动式太阳能建筑技术就是利用本身科学的空间布局和挖掘建筑材料的热工性能来达到改善室内物理环境和节能目标的适宜技术。

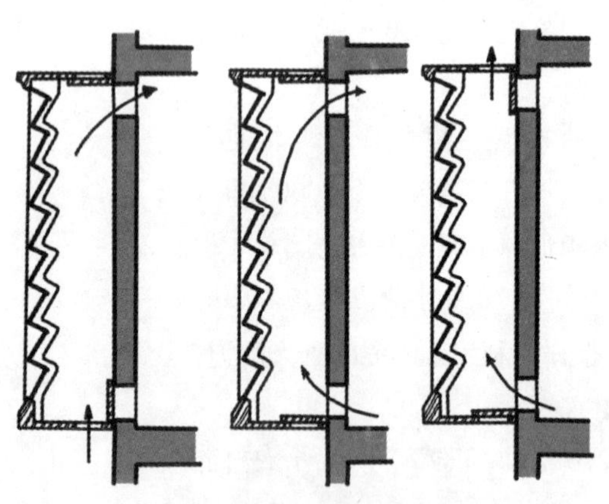
图3-12 莫尔斯设计的太阳能装置

人类很早就有了被动利用太阳能的经验。1881年美国的莫尔斯（Edward S.Morse）发现将建筑朝阳面的窗户关闭后，窗户与深色窗帘之间有热气流产生，他以此为灵感设计了一种太阳能采暖装置（图3-12），并把

1 数据来源：中国科学院中情分析研究小组.开源与节约.北京：科学出版社，1996

它应用到了建筑设计中，据观察表明，空气经流加热器可增温 14.44℃[1]。后人将此原理应用于现代玻璃幕墙设计之中，发明了通风式节能幕墙。它是一种双层幕墙，中间有通风换气层，从原理上，通风式幕墙利用“烟囱效应”与“温室效应”的原理，空气由于太阳辐射产生温差而导致对流。根据通风层结构的不同可分为“封闭式内循环体系”和“敞开式外循环体系”。封闭式的一般在寒冷地区使用；敞开式适宜于冬冷夏热地区，夏季打开风口，空气由于“烟囱效应”产生对流，降低内层玻璃的温度，冬季关闭风口产生“温室效应”，有效提高了内层玻璃温度（图 3–13）。通风节能环保幕墙比传统幕墙采暖时节能约 42% ~ 52%，制冷时节能 38% ~ 60%。在此基础上，如果能利用传感装置和计算机控制系统，以控制最佳的空气流通量与太阳辐射的最佳利用，那又成为了一种主动利用太阳能的智能型幕墙，能更有效的节约能源和创造室内的舒适度。在发达国家已经出现了这样的智能幕墙，其耗能只相当于传统幕墙的30%[2]。巴黎的阿拉伯世界研究中心就采用了这样的智能幕墙，外墙光滤器在光伏电池的控制下能根据光线的强弱收缩或舒张，控制太阳辐射量。

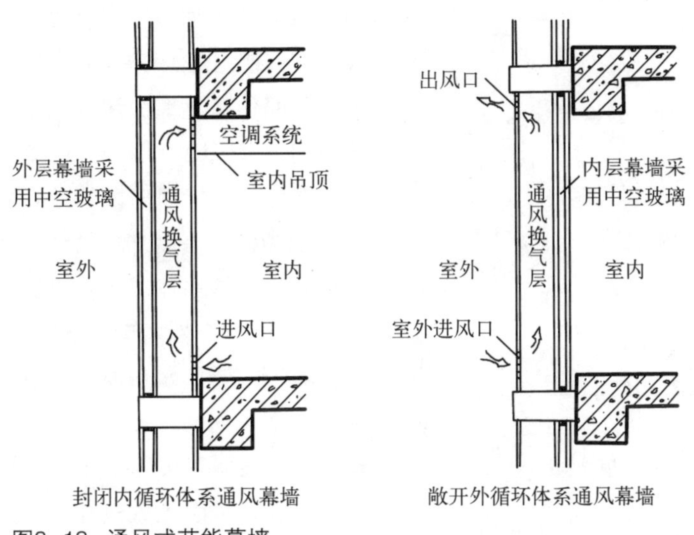

图3–13　通风式节能幕墙

1939 年，美国麻省理工学院建造了第一座太阳能实验建筑——“一号太阳房”（图 3–14），它是一种实用型的住宅，太阳能集热器与坡屋面结合为一体，室内采暖能源自给自足。同时它也利用了地热。

被动式太阳能利用方式有很多种，大多将墙体作为太阳能集热器，如直接得热墙、特朗伯集热墙、水墙等都属于被动式太阳能采暖系统。

1　数据引自：董卫、王建国编著. 可持续发展的城市和建筑设计. 东南大学出版社，1999，p28

2　数据来源：谢士涛. 通风节能环保幕墙. 建筑学报2002/07，p30

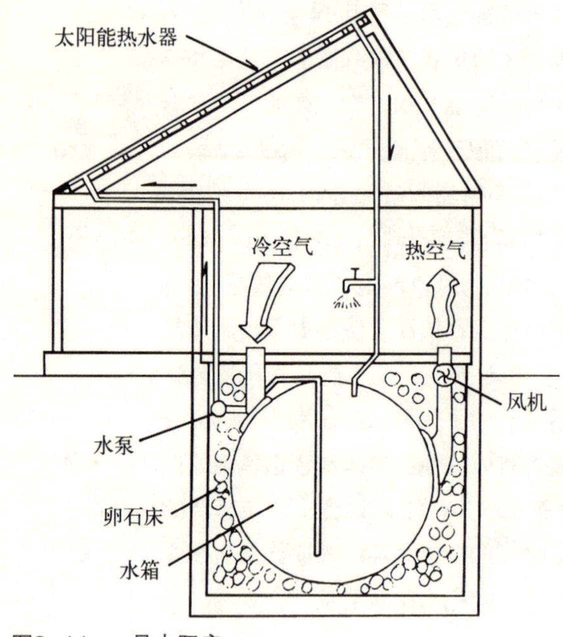

图3-14 一号太阳房

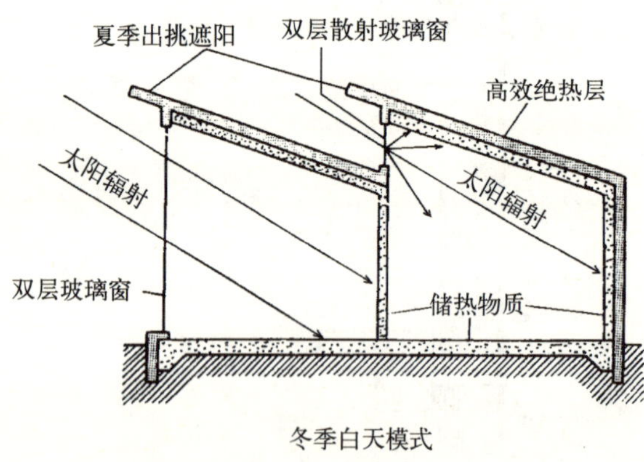

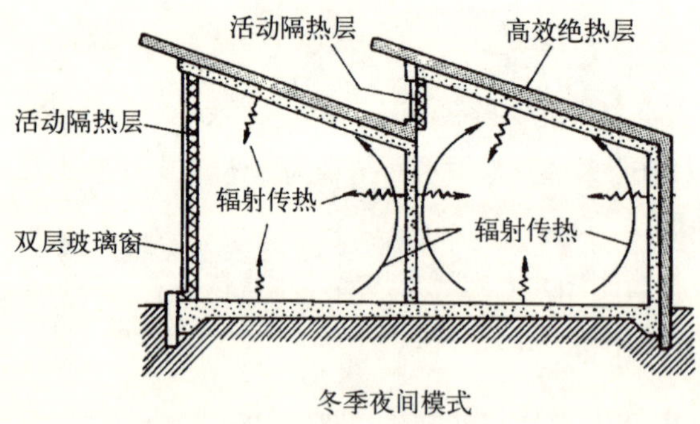

图3-15 直接得热被动节能方式

直接得热墙是被动采暖方式中最直接的形式。这种方式有诸多优点：升温快、构造简单；不需要特殊的集热装置；与一般建筑外形无大差异，建筑的艺术处理比较灵活；投资较少，管理方便。它的工作原理很简单。冬季白天让太阳从南面窗直接射入房间内部，用楼板、墙体以及家具设备等作为吸热和储热体。当夜间室温低于这些储热体温度时，这些物体通过辐射形式向室内供暖。为了减少热损失，夜间南面玻璃需要用保温窗帘或保温盖板覆盖。辐射供暖比对流供暖更有效而且舒适，它所需要的舒适气温比对流供暖的要求低（图 3-15）。由于其简单方便，直接得热方式是一种最易推广使用的太阳能供暖技术形式。

特朗伯集热墙由法国太阳能实验室的特朗伯（Felix Trombe）教授提出并进行实验，此墙将向阳的外表面涂以深色的选择性涂层以加强吸热，并减少辐射散热，使该墙体成为集热器，待需要时又成为放热体，离外表面 10cm 左右装上玻璃或透明塑料薄片，使与墙之间形成一空气间层，通过气孔的开闭和可动绝热层的移动来实现室内温度的调节。冬季白天通过温室效应加热集热墙以及空气间层，打开气孔以对流方式供暖；夜晚关闭气孔，玻璃和墙体间设置绝热窗帘或百叶，墙则向室内辐射传热（图 3-16）。夏季情况则正好相反，白天启动绝热层，夜晚关闭。该系统冬季供暖方式主要有两种：一是集热墙外侧空气间层受太阳辐射加热后向室内无时间延迟性的对流共暖；二是白天被加热的集

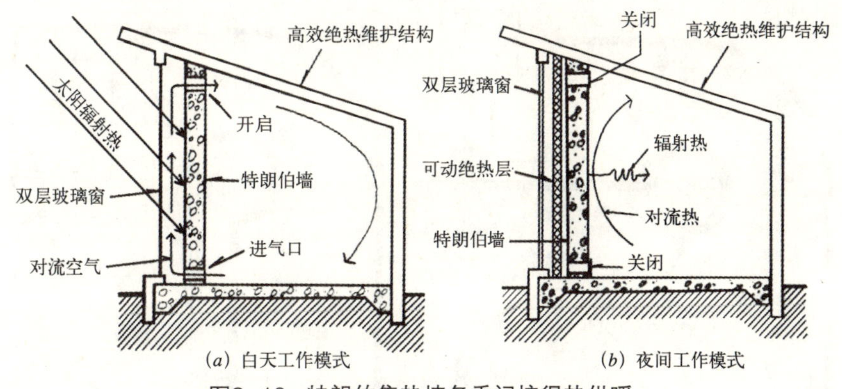

图3-16　特朗伯集热墙冬季间接得热供暖

热墙夜间向室内有时间延迟的辐射供暖。由于特朗伯集热墙采用的是热惰性指标较大的混凝土，其吸收太阳辐射热到释放热量之间有时间延迟，白天吸收的热量到晚上才释放，有利于保持室内热舒适度。混凝土墙体的热延迟时间长短取决于墙的厚度，有代表性的为 6 ~ 12 小时，因此夜间无对流加热时正是辐射加热的最有效的时候。有研究表明，特朗伯墙在 400 ~ 500mm 是最适宜的厚度，此时室内温度波动最小。

相比之下，用玻璃暖房间接得热的做法，温度升高降低都较为迅速。将直接得热和间接得热方式组合，可得附加日光间的太阳房采暖方式，它结合了两者的优点，即直接得热方式的高效率和间接得热方式的热稳定性（图3-17），具有广泛的应用价值。日光间尽量增加日光照射面积。有附加日光间的年度热损失只相当于无该日光间的年度热损失的一半。而且相对于特朗伯墙，它也有诸多优势：面积损失更少；更易于管理；夏季可开窗通风；视野更好；可做阳台或小温室。但是它也有缺点，就是夏季如无适当遮阳措施，日光间内气温会变得过高；冬季时由于玻璃的保温性能比较差，如无适当的附加保温措施，晚上室内气温容易下降过快。这些问题必须在设计的时候充分考虑，根据特定地方条件提出解决措施。图 3-18 显示的是美国墨西哥州的一栋利用附加日光间采暖的住宅。由剖面图上可见，住宅南面的日光间与二楼的顶棚、北面的空气循环腔体以及底层地板下的石贮热床相连，形成室内供暖循环系统。北面墙体与屋顶进行保温隔热设计。北侧腔体中的风扇进一步加强对流以将日光间中被加热的空气输送到

图3-17　太阳房采暖方式

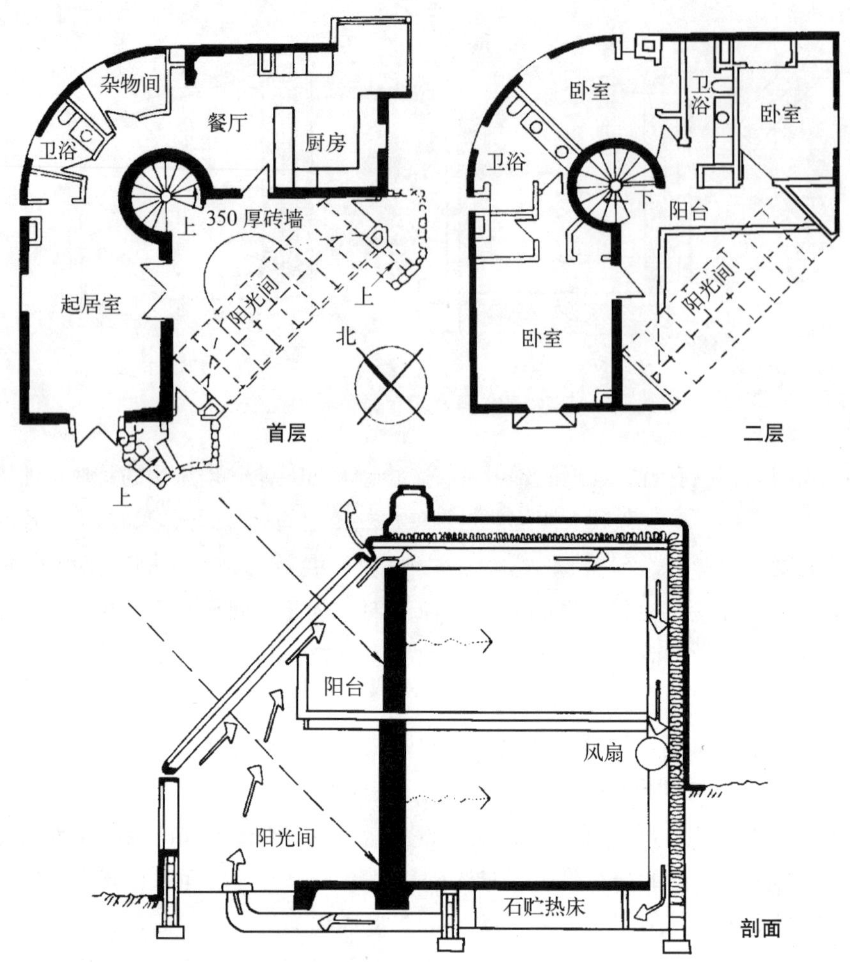

图3-18 美国墨西哥州某附加日光间住宅

北面。石贮热床吸收的热能通过热延迟时间在晚上向室内供暖。日光间与房间之间的墙做成集热墙，冬季白天贮热，晚上向室内供暖。夏季日光间外侧设置遮阳百叶，白天遮阳晚上打开。夏季白天关闭天棚内的空气循环通道并打开顶部通气口，日光间内被加热的空气从顶部逸出。夏季晚上则正好相反，关闭通气口并打开顶棚通风通道，开动风扇将日光间内的冷空气循环到通道内帮助室内降温。

中国传统建筑中有原始的被动式太阳能利用技术，如利用麦糠装在塑料袋中作顶棚的集热材料，或者用锯末、秸秆作保温集热材料并掺 10% 生石灰进行钙化处理。中国的太阳能建筑起步于 20 世纪 70 年代末，到 1999 年底全国已建成不同类型的被动式太阳房 1.5 万栋，建筑面积超过 500 万平方米，截至 2000 年底，太阳能热水器生产企业达 1000 多家，年产量在 600 万平方米以上[1]。在提倡可持续发展的今天，太阳能建筑的巨大发展潜力将显现出来。中国建筑师对被动式太阳能的利用也已着手研究，西安建筑科技大学的研究者们设计出了诸如地面掩土绿化太阳房、下沉式太阳能建筑、下沉式温室自然空调太阳房等被动式太阳能建筑设计模型。其中地面掩土绿化太阳房的夏季室内温度可保持 24 ~ 26℃（对比房 28 ~ 32℃，室外 30 ~ 35℃），冬季有阳光时，室内可达 10℃左右（图 3–19）。另外，他们还对双零建筑（常规性能源零消耗和绿化面积零损失）进行了研究，并以兰州的坡地为基地进行了模型设计，从综合用能、立体用地、自然空调、立体绿化等四方面来体现设计意图。设计中，每层南向房间均设有毗连大温室（图 3–20）。经计算，采暖期温室的平均气温可达 9.5℃，比室外平均气温高出 12.3℃，这组建筑的冬季采暖期室内平均温度将达到 16℃，最热时室温可稳定在 22℃左右（室外 37.1℃）[2]。

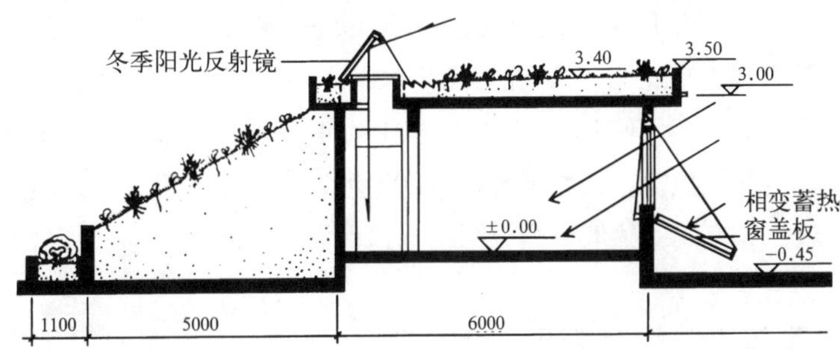

图3–19　地面掩土绿化太阳房

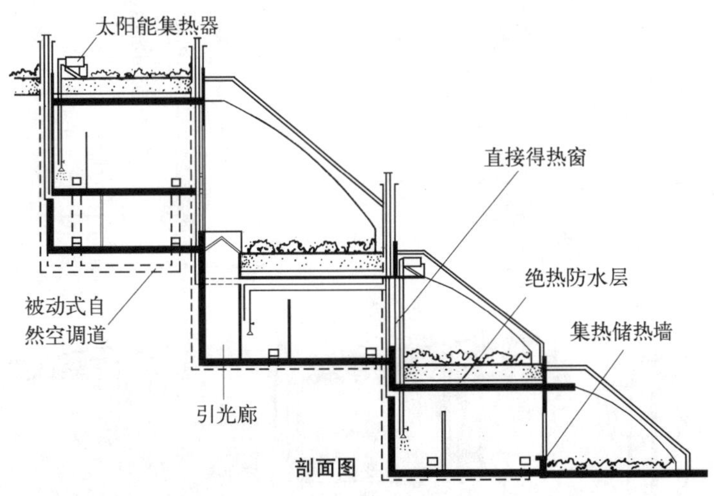

图3–20　坡地双零住宅模型设计剖面

1　数据来源：王崇杰等.论太阳能建筑一体化设计.建筑学报2002/07，p28

2　数据来源：夏云等编著.生态与可持续建筑.中国建筑工业出版社，2001，p156–162

(3) 我国的早期被动太阳能房屋实践

我国地域辽阔，大部分地区有着丰富的太阳能资源，特别是西部，年日照率达到70%；华北地区和山东、河南等省的日照条件也很好。这些地区中的大部分都是技术相对落后的区域，所以被动利用太阳能的技术对于当地来说是适宜的。我国早在20世纪80年代就有过较为系统的被动太阳能房屋设计的尝试，当时主要针对的是农村住宅。地区主要集中在中外合作的北京新能源村（北京大兴县义和庄）、兰州的太阳能基地、甘肃的敦煌、西藏的阿里地区等。当时涌现了一批具有较高质量、在节能设计上具有创造性的农村住宅。遗憾的是，鉴于当时对节能紧迫性的认识并不够，这些设计成果并没有能够带动起被动太阳房建造的热潮。但是这些先例对如今的被动太阳房设计依然具有参考作用，而且，在建设西部与建设新农村的大前提下，这些积累的经验显得尤其宝贵。

青海省建筑建材研究所1981年在民和县进行了被动太阳房设计的实验(图3–21)。民和县位于北纬36度，海拔2400m的回族山区，当地元月份水平面平均日辐射值11110.5kJ/m^2，元月平均气温 −7℃，日照率72%。该住宅建筑面积41m^2，采暖净面积21m^2，集热面积比为0.69。集热墙设计成带竖向孔洞的双循环式空气集热器，其原理类似特朗伯墙；大间居室设计了小温室供暖的太阳能暖炕；居室的蓄热墙体内设活动棉毯保温帘以减少夜间热损失。房屋建

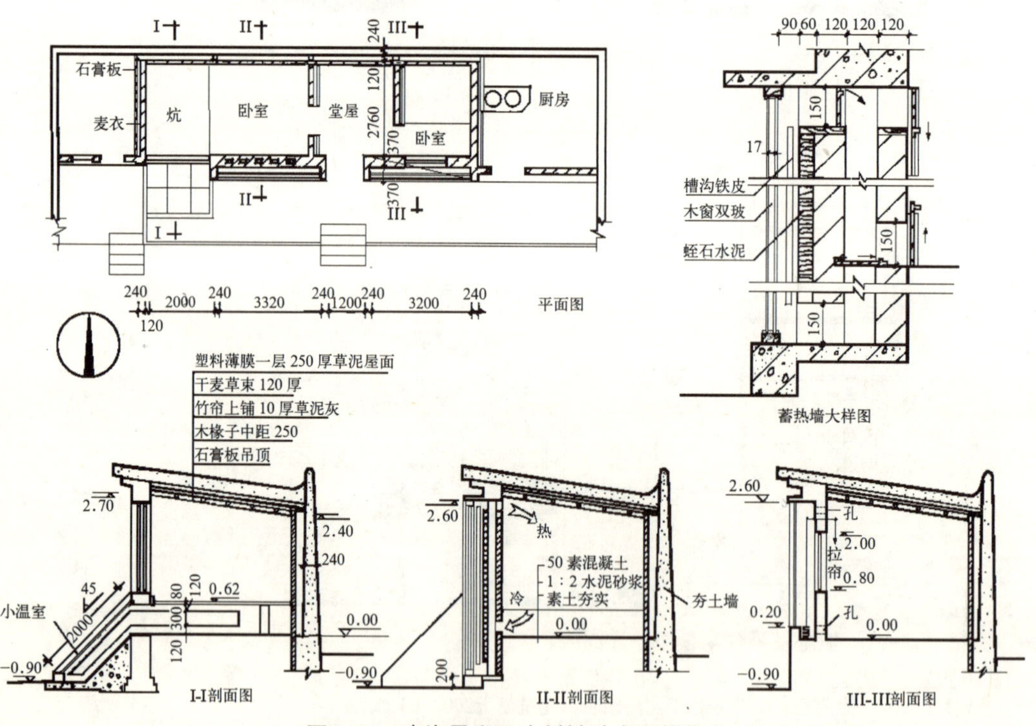

图3–21 青海民和县农村被动太阳能住宅

筑形式采用当地传统民居形式，建筑构造及材料全部采用当地民居做法，保温材料以麦草、砻糠为主。该房屋1983年冬天进行了短期和长期监测，冬季大居室室内温度最低11℃，最高26℃，小居室最低10℃，最高23℃。太阳能暖炕面平均温度21.6℃，当地其他农民住宅火炕25.3℃，冷炕9.7℃。室内不设辅助热源，室温相当于当地火炕采暖房间，太阳能暖炕比火炕温度略低，但比火炕温度均匀[1]。这种太阳房利用清洁能源，大大减少了烧木材的量，其环境效益与节能效果俱佳。

图3-22显示的是北京市太阳能研究所1982年在大兴县义和庄实验改建的某被动太阳能住宅。义和庄位于北纬39度，海拔39m，元月水平面平均日辐射值9191.2kJ／m^2，采暖期为4个月，元月份日照率75%，平均气温-4.7℃。该房屋为典型北方农村住宅的节能改建，一字形排开4开间，建筑面积75m^2，1982年将其改建为被动太阳能住宅，通过测试，效果较好。该太阳房改建要求：冬季采暖期室温日平均值为12℃，在不低于8℃的条件下，太阳能采暖率不低于60%，改建费用为25元／m^2。改建中，对外维护结构采用了以下保温措施：北墙外砌一道120mm的砖墙，中间夹80mm的尿醛泡沫塑料块和石膏板做内保温；东二间吊顶采用苇箔抹灰上铺150mm厚聚苯泡沫塑

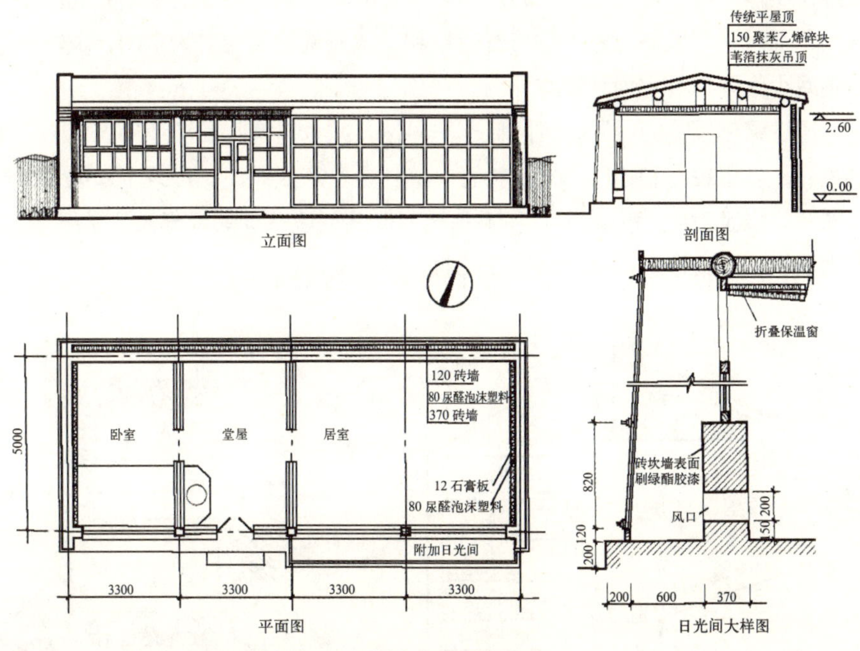

图3-22　北京大兴县义和庄实验改建被动太阳能住宅

1　王玉生、王瑞华等编.被动式太阳房图集.中国建筑工业出版社，1987，p27

料碎块；东山墙采用尿醛泡沫塑料块和石膏板做内保温。南立面既是集热面又是外维护面，堂屋不住人，对东西两屋可起门斗作用，室温可稍低，因此只挂一棉门帘；西屋有火炕，作为辅助热源，仅加一层直接得热玻璃窗；东二间附加了小日光间，原建筑墙面作为蓄热墙使用，外表面刷绿色酯胶漆，上部窗户安装可折叠保温窗。1983 年 1 月至 2 月间对太阳房进行了测试，东二间在无辅助热源有一人居住情况下，当环境平均气温为 −2.8℃，最低 −13.5℃时，太阳房室温平均值为 13.9℃，最低 8.5℃，达到了改建要求[1]。

(4) 建筑规划布局设计

建筑选址、建筑群组合方式、道路布局等都牵涉到节能问题。合理的规划能形成良好的居住条件和微气候环境，有利于节能。

中国古人风水观念里，住宅的选址原则就包含了充分利用自然资源的朴素观念。比如宅前有开阔平地使建筑获得良好的日照；宅外地势东低西高，前低后高，使住宅夏季获得东南风而冬季免受西北风侵袭；宅前有水，宅后有山，使建筑有良好的湿热小环境。充分利用环境自然资源，趋利避害，是节能设计的重点环节。采暖建筑不宜布置在山谷、洼地、沟底等凹地，因为冬季冷气流易形成对建筑物的“霜洞”效应，位于底层或半地下层建筑需要耗费更多能量来维持所需室内温度（图 3−23）。争取最好的日照条件是建筑规划布局的重要原则，那就是要保证在寒冷季节有适量和一定质量的阳光射入室内，炎热季节尽量减少太阳直射室内和居室外墙。

通过绿化风障的设置，可降低冷季风速，减少建筑物和场地外表面的冬季热损失。利用较高和连续的建筑物背向遮挡冬季寒流风向，可减少寒风对组群内的建筑以及庭院的影响，有利于冬季节能并创造适宜的微气候。常绿乔木、防风墙等挡风设施也很有效（图 3−24）。防风墙的高度、密度与距离均影响其

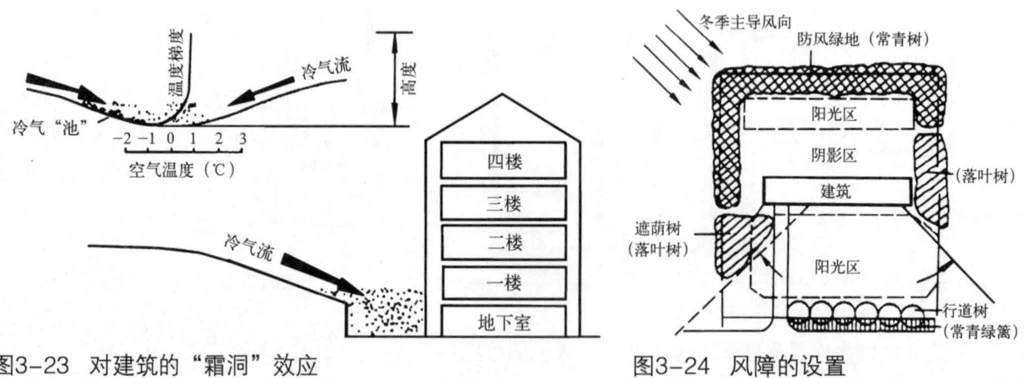

图3−23 对建筑的“霜洞”效应

图3−24 风障的设置

1 王玉生、王瑞华等编. 被动式太阳房图集. 中国建筑工业出版社，1987，p12

挡风效果。中国北方城市冬季寒冷气流主要是西北风，所以规划布局中主要考虑西北方向的遮挡。

绿化是一种改善微气候、具有高度综合价值的规划布局要素。它首先可以通过调节阳光对建筑的照射来改善小环境的热气候。在夏季降低温度是建筑绿化最显著的作用之一。树叶形成浓荫覆盖地面不仅可以遮挡来自太阳的直接辐射热，而且可以遮挡来自地面以及周围建筑物的反射热。落叶乔木在夏季可以遮挡阳光，而在冬季又可使阳光透过。其次，由于植物的蒸腾效应，它可以调节小环境的相对湿度。有研究表明，有绿化居住小区的空气相对湿度比无绿化的居住小区在冬季高 10% ~ 20%，在夏季高 20% ~ 30%。俄罗斯科学家鲍德洛夫的研究表明，一个宽 10.5m 的绿化带对空气湿度的调节作用范围可达 600m，最近处湿度可增加 30%，最远处可增加 8%[1]。另外，它还有明显降低噪声和净化空气的作用。在汽车数量急剧增加的中国城市，绿化的这项功能显得尤其突出。运用绿化降噪时，应注意噪声的衰减量随树种和植物配置方式的变化而变化。植物本身的吸声能力一般以大叶、叶面形态粗糙、树冠浓密的树种为强；混合配置的林带隔声强于单一树种林带。茂密的树木还能过滤灰尘，有资料显示：宽 5m 的绿带减尘率为 22.5%；宽 7m 的绿带减尘绿为 36.1%；宽 8m 的绿带减尘率可达 90%。还有些特殊树种能吸收汽车尾气中的有毒气体成分二氧化硫。

房屋的间距与建筑背面风影区和涡流长度有关系，风影区长度随着房屋的高度或宽度的增加而增加。风向投射线与房屋墙面法线的交角称为风向投射角，角度越小对通风越有利，但是它要求的房屋间距也越大（表 3–01）。如果是正吹，为保证后一排房屋通风，房屋的理论间距越大越好。当间距与房高比大于 2.4 时，后排房屋获得较好通风；当数值介于 2.4 和 1.4 之间时，后排有一定投射角度的通风；当数值小于 1.4 时，后排房屋只能获得大投射角度的通风（图 3–25）。可见最理想的通风间距又不利于节地，所以需要综合考虑。布局中亦应避免过多下冲气流，当组群中一栋建筑比其他建筑高很多时，它周围地区将

风向投射角对屋后风影区的影响 **表 3–01**

风向投射角	室内风速降低值 %	屋后风影区深度
0°	0	3.75H
30°	13	3H
45°	30	1.5H
60°	50	1.5H

注：H 为房屋高度

1 房志勇编著．建筑节能技术．中国建材工业出版社，1997，p167–169

受到强大的下冲气流冲击，在建筑的两侧气流速度也大大增加，气流速度与建筑朝向有关（图 3-26）。冬季迎风面出现较大风口时，也能产生下冲气流，它与附近水平方向的气流可形成高速风及涡流，加大热损失。

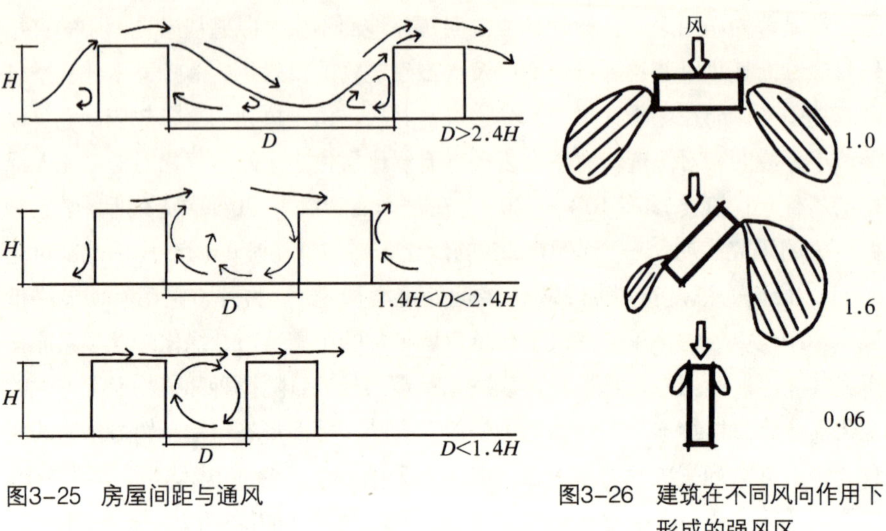

图3-25　房屋间距与通风

图3-26　建筑在不同风向作用下形成的强风区

街巷规划布局应避免形成风漏斗。如果高度相似，宽度是街道宽度 2 ~ 3 倍的建筑排列布置在街道两侧，会使得风速提高 30%，加剧建筑热损失[1]。为了控制城市热岛效应，在规划布局中应有一定数量和宽度的与夏季盛行风方向相近的街道，使得城市热量较快地转移到郊外。

建筑的体形也影响建筑的能量损耗状况。从冬季得热角度来看，建筑南向面积宜尽量大，进深尽量小，即建筑的长宽比大。计算得出正南朝向建筑长宽比为 5 ：1 时，各向墙面辐射总得热为方形建筑的 1.87 倍，如果朝向偏东（西）45° 时成为 1.56 倍，至偏东（西）67.50° 时各种长宽比例的建筑得热已差不多[2]。若从建筑本身节能角度出发，体形系数（建筑容积与表面积之比例）越小越好，球形具有最小体形系数，正方形比长方形小。体形越复杂凸凹越多的建筑体形系数越大，但在具体设计中情况较为灵活，一般要控制有效传热系数较大的面，例如采暖建筑的北面传热系数较大，冬季季风也是西北风，那减小西北面外墙面积有利于节能。严寒地区的节能型住宅平面应追求平整、简洁，如直线型、折线型和曲线型，不宜大规模采用单元式错位拼接或过多点式住宅。

1　数据来源：中国建筑业协会建筑节能专业委员会编著.建筑节能技术.北京：中国计划出版社，1996，p21

2　同上，p22

较封闭完整的院落式单元可形成良好的微气候条件，中国传统的合院式布局就是其中典范。它通过建立一个小型而相对封闭的体系，充分利用和争取日照，避免季风干扰，组织内部气流，利用建筑外界的反辐射，形成对冬季恶劣气候条件的有利防护，改善了日照条件和风环境。

(5) 建筑单体节能

室内微气候取决于室外气候、建筑的布局、维护结构的材料和构造、供暖空调设备的使用等因素，所以建筑单体节能技术主要涉及合理利用自然资源、维护结构的构造技术和设备系统节能技术。其中合理利用如阳光和自然风力等自然资源属于自然空调方式，是极具环境效益与经济效益的节能方式。这就需要根据地方的气候条件与环境条件进行建筑的合理设计，使其回应地方自然环境。它不仅仅是一种节能技术，也是使建筑获得地方性的关键所在，这方面的讨论将在下一节展开。维护结构可细化为墙体、门窗、屋面，设备系统包括供暖空调系统和电器系统。

建筑技术本身在发展过程中科技含量在不断增加，其节能效率也在不断增长。采暖从火炉、壁炉发展到阀门调节的散热器，再发展到具有能自动调节的空调，最后又出现了智能型高效供暖设备；机械通风从抽风机到带热回收的通风设施，再到可调控的智能型通风设备；保温材料从空心砖、加气混凝土等发展到含气体、低容重的有机材料，再到高隔热透明或半透明合成材料。节能技术是一种多层次的技术，从低技术到高技术都有其适宜范围，节能效率受到经济成本和地方科技水平的制约，所以适宜的节能技术只可能追求适当的节能效率。

中国建筑墙体的主要传统材料是黏土砖，严重浪费能源和土地资源，现在已经转向使用节能型的多孔砖，有些地区根据自身资源情况发展了多种空心砌块，包括煤炭矸石、粉煤灰、陶粒与浮石等等。加气混凝土也是能满足较高要求的保温隔热材料，它一般作为填充墙材料或与承重墙复合使用。复合墙体越来越成为主流，一般用砖或钢筋混凝土作承重墙，并与保温隔热材料复合使用，或者用钢或钢筋混凝土为框架，用薄壁材料夹以绝热材料作墙体。外保温墙体承重材料可采用混凝土空心砌块、非黏土砖、多孔黏土砖以及现浇混凝土等。绝热材料主要是岩棉、矿渣棉、玻璃棉、泡沫聚氨酯、膨胀珍珠岩、膨胀蛭石和加气混凝土等，组合方法多种多样（图 3–27）。有些地区有地方性的保温隔热材料，如山东沿海有些地区用海草作屋顶材料，皖南地区有用糠填充空斗墙来保温隔热，游牧民族地区采用毡毯保温，传统东北民居采用高粱秆、泥、草泥辫和羊草等材料复合作屋顶。保温墙体的构造方式基本有三种：内保温、外保温和保温夹芯层。内保温做法简单，施工方便，缺点就是墙体内表面容易结

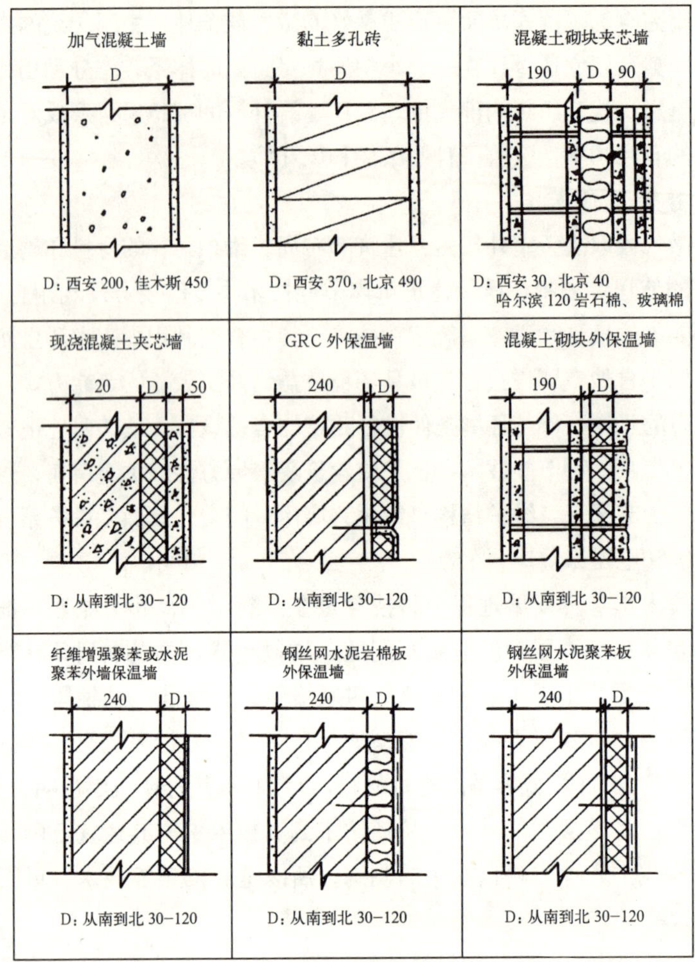

图3-27　我国可供选择的几种保温墙体

露。外保温做法热稳定性好，可避免热桥效应，同时节省保温材料用量，其难点在于施工要求高。据统计，在达到同样节能效果的条件下，采用外保温墙体，由于基本消除热桥影响，京、沈、哈三地保温材料用量分别节省 44%、48%、58%[1]，墙体也减薄，用户使用面积增加。目前中国外保温采用的高效绝热材料一般厚 5 ~ 8cm。夹芯层保温的做法综合了前两种的优点，是一种应用最广的做法，但是其抗震性能有所减弱。

门窗的保温隔热能力相对较弱，是主要的热损失通道。有数据表明，$1m^2$ 单层窗的传热量与 $3m^2$ 的一砖墙的传热量相当，这还不包括窗户的冷风渗透而增加的耗热量。因此在各类节能规范中严格控制窗户面积，新的节能标准中

1　数据来源：中国建筑业协会建筑节能专业委员会编著.建筑节能技术.北京：中国计划出版社，1996，p57

规定的窗墙面积比为：北向≤ 0.25；东向≤ 0.30；南向≤ 0.35[1]。改善门窗的绝热性能是节能的重点，主要途径就是增加窗户气密性，提高窗框保温性能，改善玻璃的保温性能。双层窗的保温绝热性能优越，传热系数比单层窗降低将近一半。还有一些新型的节能产品如隔热玻璃、中空玻璃、反热玻璃和绝热窗帘等已经在高层建筑中使用并逐步推广。节能型的窗框有中空型材以及各类复合型材，其绝热性能较以往产品大大改善。

屋面绝热做法主要有构造层做法和架空型两类。与结构层结合的保温层材料一般有聚苯板、再生聚苯板、加气混凝土、水泥珍珠岩、膨胀珍珠岩和浮石砂等。架空型保温层材料一般有加气混凝土、岩棉板、玻璃棉等等。对于间歇性使用的建筑，宜采用容重较小的绝热材料，由于蓄热系数小，室内温度可以迅速调节。而住宅建筑则宜采用厚实材料，保证一定的热稳定性。夏季屋面的遮阳方式也多种多样，我国南方地区常用的做法通常有架空型通风屋顶、屋顶蓄水或者种植植被。受传统大阶砖通风屋顶的启发，湖南大学与湖南省建筑设计院试制了一种钢筋混凝土空心板用于屋顶隔热，实现了生产的预制化和工业化，有效改进了这种地方技术。重庆大学实验了一种蓄水屋顶，实验表明屋顶蓄水 250mm 时，天棚表面温度可降低近 8℃（图 3–28）。蓄水屋顶是利用水的蓄热和蒸发吸热的功能，绝热效果优越，但是屋顶荷载和防水处理是难点。

屋顶种植隔热方式带来多方面的效益，是一项值得推广应用的适宜技术。屋顶铺土种植利用了植物的光合作用、叶面的蒸腾作用以及对太阳辐射的遮挡作用来减少太阳辐射对屋面的影响，也可采用膨胀蛭石进行无土种植。种植屋顶最大的优越性表现在它的保温、隔热性能上。植被覆盖于屋面上可以遮挡大部分阳光辐射，反射其中的 20% ~ 30%，吸收其余的热量，所以到达天棚内表面的热量减少许多。由于植物水汽的蒸发，每天每平方米的植草可以从屋顶

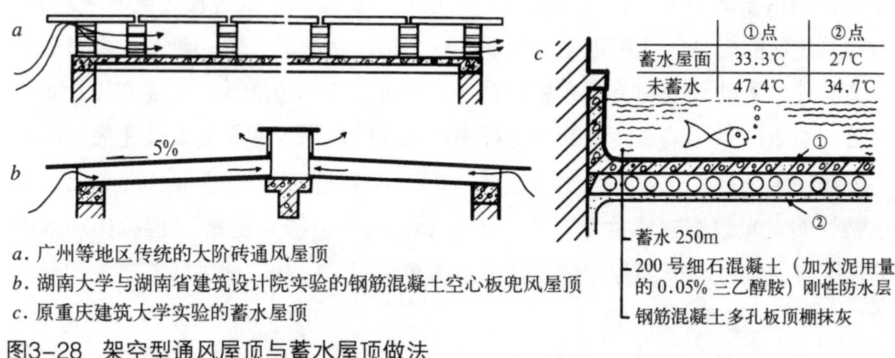

a. 广州等地区传统的大阶砖通风屋顶
b. 湖南大学与湖南省建筑设计院实验的钢筋混凝土空心板兜风屋顶
c. 原重庆建筑大学实验的蓄水屋顶

图3–28　架空型通风屋顶与蓄水屋顶做法

1　数据来源：中国建筑科学研究院.民用建筑节能设计标准（采暖居住建筑部分）：JGJ 26–95，1996

蒸发掉 80% 来自阳光的辐射热。因为有一定厚度的覆土，室内温度波动幅度大大降低。一般厚 30cm 的种植屋顶可延迟传热时间达 9 小时，这对保持室温稳定起到很好的作用[1]。但是这种屋顶也有本身的缺陷。首先是由于屋顶自重大，不但增加了屋顶的造价，而且也增加了整个结构系统的投资。但这只是增加了一次性投资，由于它的节能效益，长期的经济效益还是较优的。其次，这种潮湿屋顶的防水构造复杂，容易出现漏水、渗水等现象，需要解决好技术问题。

建筑的被动致冷是节能的重要环节。除了屋顶隔热外，遮阳、通风和绿化都是有效的致冷方法，它们通常组合设置。恰当的遮阳设计可节省 10% ~ 20% 的致冷用能，墙外植树的周围空气比无植树区空气要凉爽 2 ~ 2.5℃[2]。另外，通过建筑群的布局设计也能达到被动致冷效果，比如考虑建筑的相互遮荫或者利用庭院效果降温。后者利用空气对流进行降温，白天庭院空气被加热上升而带动建筑通风；夜晚庭院温度较室内低，室内高低窗之间存在温度差，从而带动空气流通（图 3–29）。

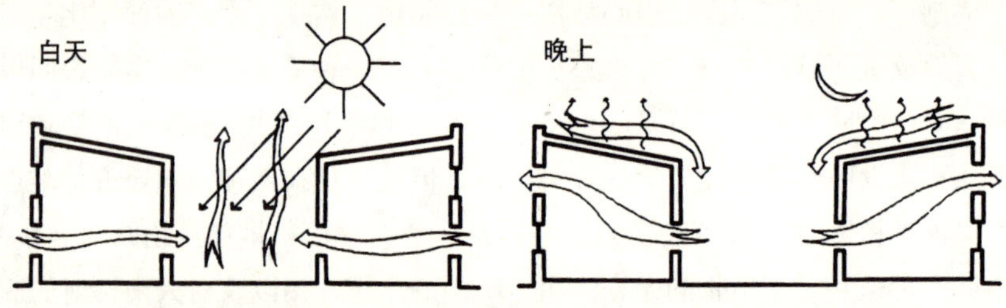

图3–29　庭院效果原理

供暖空调系统与建筑电器设备的节能措施属于主动式。一般建筑内的主动与被动系统共存，组合方式大致可分为两种：1. 被动系统占主要地位，主动系统辅助；2. 主动系统为主要方式，被动方式为辅助。正确的节能策略当然是尽量利用被动方式，但是当建筑的规模和体量增加，或者使用要求更高时，被动系统所能起到的作用也逐渐削弱。以中国国情来看，第一种方式具有更广的适宜性。主动系统的节能亦相当重要，设备系统的节能效率主要与技术水平相关，主要技术环节是能源的转化效率和能源的使用效率。能源转化效率的提高依赖技术创新，比如几代照明电器——白炽灯、荧光灯、金属卤化物灯、高压钠灯的发光效率之比是 1 ∶ 5 ∶ 9 ∶ 15，寿命也越来越长[3]。能源使用效率的提高可通过自动控制与智能型调节方式来实现，比如平衡供暖方式、智能型

1　房志勇编著.建筑节能技术.中国建材工业出版社，1997，p177–178

2　数据引自：李卫红.建筑节能技术在村镇住宅中的应用研究.天津大学硕士学位论文，2001，p43

3　数据来源：刘加平主编.建筑物理（第三版）.北京：中国建筑工业出版社，2000

外皮方式，德国的微软总部的外墙和屋顶就是可根据气候条件进行自动控制的智能化部件，就像人的肌肤一样根据外界环境的变化而进行自我调节。

4．结合地方气候

建筑回应自然的主要方式之一是结合地方气候。在节能设计中，已经提及一些结合地方气候的规划原则。其实在建筑单体设计中，地方气候条件同样是最重要的设计依据之一。**只有积极回应地方气候条件，建筑才能获得存在于那个特定地点的充分理由——建筑由此而获得了地方性。**建筑都处在特定的环境中，能源可从环境中直接获得，阳光、空气、水、土壤、植物等都可以提供能量（图 3–30）。建筑回应自然的方式主要表现为积极利用阳光、水、空气、土壤和植物等环境资源，创造符合地方气候特征的宜人的建筑物理环境，并同时取得较好的环境效益。采用被动式的方法从环境中获得可再生能源，节约了常规能源，减少了污染。**适宜技术结合地方气候的方式就是以可得的技术措施来合理利用当地阳光、空气、水、土壤以及植物中能量。**

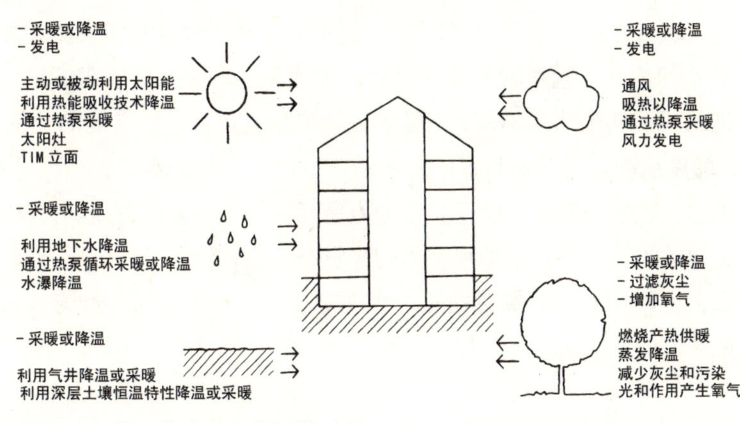

图3–30　从环境中获取能量的途径

（1）地方气候文脉

世界分为四个主要的气候区：热带、亚热带、温带和寒带。各地区温度、湿度及降水情况的不同组合形成了丰富多样的地方气候条件。在干热地区，仅 25mm 的年降水量（世界平均年降水量为 86mm）以及由高温带来的高蒸发率使得水成为了关键资源，而在高降水地区却要积极排水防涝。**各气候带不同特征都对各自地区的建筑设计提出了不同要求**（图 3–31）：如 1 所示，从赤道往北，太阳能采暖的需求增加而遮阳的需求减少；2 中显示热带建筑主要考虑利用自然通风，而寒带建筑则主要考虑防风问题；3 和 4 中显示的相对湿度水平表明，在干燥地带，低相对湿度有利于蒸发降温，而赤道地区高湿度导致不舒

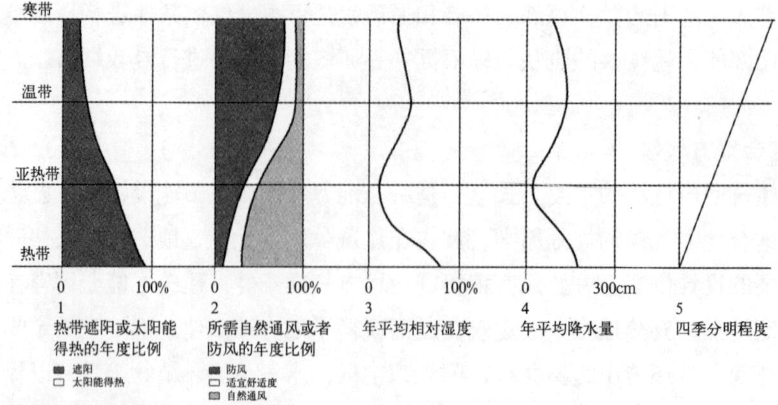

图3-31 各气候带的不同特征

适；5 所显示的是纬度越高的地区四季越是分明，低纬度地区则较恒定。

自然采光方式是有效利用太阳光能的一种方式，各个地方的天然光分布各不相同导致光气候的不同。纬度越高地区冬季日照时间越短，太阳入射角度越低，纬度低的地区则正相反。不同日照特征对建筑设计也提出了不同要求（图3-32）：1 显示，热带地区四季都需考虑遮阳，而寒带地区这只发生在夏季；2 中实线显示的是垂直遮阳的最适宜位置，虚线表示的是水平遮阳的适宜位置，可见纬度的不同其要求也不同；3 显示，纬度越高依赖南向日照的比例越高；4 显示，纬度越高，对冬季日照的需求越高。对于一定地点，天然光总量还受时间、天气、地形的影响，所以各个地方所能利用天然光的程度和方法都会有所不同。中国幅员辽阔，各地可利用的光资源不同，西北地区日照时间长，光资源丰富，而四川盆地日照时间短，光资源较少。中国共有 5 种光气候分区，最丰富地区与最差地区的可利用光资源差值将近 30%（表 3-02）。

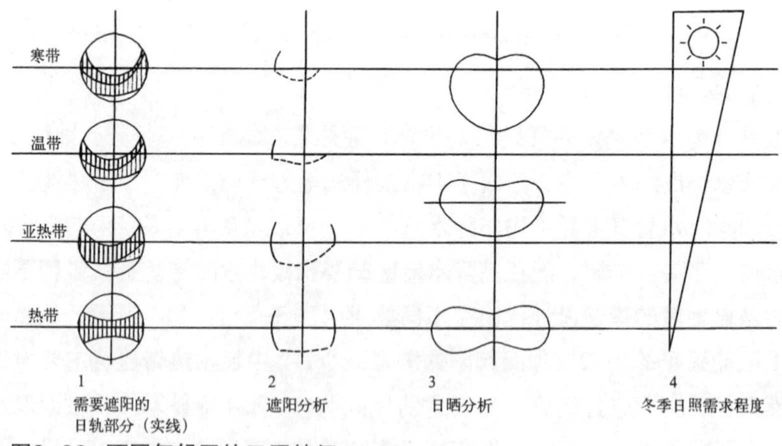

图3-32 不同气候区的日照特征

我国不同光气候区室外临界照度 表 3–02

光气候区	Ⅰ	Ⅱ	Ⅲ	Ⅳ	Ⅴ
室外临界照度（lx）	6000	5500	5000	4500	4000

风也是可资利用的自然资源之一。空气移动是太阳照射的结果，它不仅受压力差异和地球自转的影响，还受地形地貌的影响。近地的风速受地面粗糙程度的影响。越开阔的地带，风速越高，风速开始减小的临界面也越低；密集的城市区域，平均风速最低，且风速开始减小的临界面离地越高。特殊的地貌也能产生地方风，这是由于局部地区受热不均匀引起的小范围内的大气流动，这对于调节地区气候有重要作用。比如临近水面的陆地，由于早晚空气温度的差异而产生了所谓的陆地风，白天地面温度高于水面温度，风由水面吹向陆地，晚上水面温度高于陆地温度，风由陆地吹向水面。另外，谷地内由于太阳的照射导致温度的差异，也会产生山谷风，并且一天中不同时间，风向会改变（图 3–33）。中国川南城市攀枝花就是利用这一原理来改善城市气候，市区围绕河谷，由于金沙江、太阳、高空气流、蒸发和山顶绿化等因素的共同作用,形成了垂直于河岸、掠过坡面、昼夜方向相反的河谷风（图 3–34）。不同地区，由于受全球季风和地区的地形地貌影响，而呈现多种多样的风气候环境。

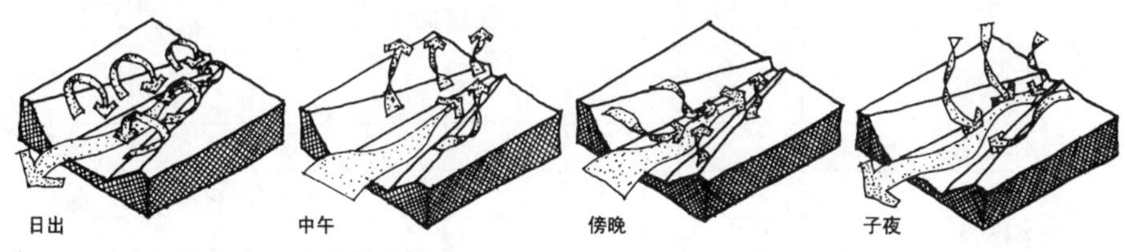

图3–33　山谷风在一天中的变化

地方气候的的形成不仅与其所在的气候区、纬度有关，而且还与地方的地形地貌有关，它们共同作用导致不同的温度、湿度、光和风的组合，形成了各具特色的地方气候环境，为建筑设计提供了依据。

（2） 面向地方气候的地方性建筑

地方性建筑的重要任务之一就是营造宜人的室内物理环境，这包括适当的光、热和通风。充分合理利用自然资源来解决问题是最符合可持续发展原则的途径。**建筑的微气候环境受地方气候的影响，地方性建筑回应地方气候的主要内容就是如何对待阳光和风**。在阳光处理方式上，根据需要的不同和季节的不同，或考虑吸收，或考虑遮阳；在风的处理方式上，或考虑加强自然通风，或考虑挡风。

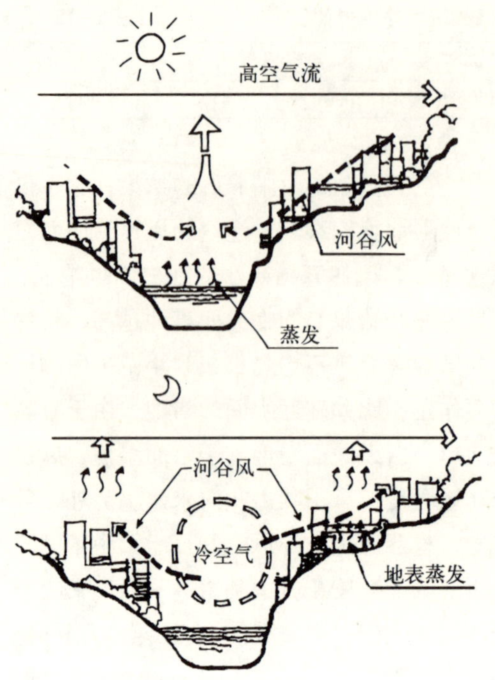

图3-34　攀枝花气候分析

表 3-03 表明了不同地方气候条件下的建筑在不同季节对于阳光和风的不同需求程度。比如南京处于温和湿润气候，那么建筑设计首先考虑的就是春秋、夏季的自然通风以及冬季的阳光照射，其次考虑春秋、夏季的遮阳和冬季的防风。而西部的干冷地区城市如西安，主要考虑冬季防风和阳光直射。若是南方湿热城市如深圳，则主要考虑四季的自然通风，其次考虑四季的遮阳。

一定的地方气候条件对建筑的布局也产生影响，阳光、风、温度和湿度的不同组合都对户外空间的组合方式提出不同的要求（图 3-35）。从图中可看出：夏季湿热地区的建筑空间组合较为松散，户外空间开敞利于通风，并遮阳；而夏季干热地区建筑较紧凑，注重阴影户外空间的营造，庭院一般较为内向封闭；寒冷地区建筑户外空间考虑防风。在热带气候区，户外空间的主要要求是阴凉；而在温带，户外空间另有冬季日晒的需要，所以它必须同时满足加热和冷却的功能要求，或者有不同功能的户外空间并存，使人们可以根据舒适度的变化在不同季节或不同时段使用。

不同气候区中建筑微气候的价值判断　　　　**表 3-03**

气候类型	遮阳			日照			防风			通风		
	冬	春秋	夏	冬	春秋	夏	冬	春秋	夏	冬	春秋	夏
严寒	0	0	2	3	3	1	2	2	0	1	1	3
寒冷	0	0	2	3	3	1	2	2	0	1	3	3
温和干燥	0	2	2	3	1	1	2	2	0	1	1	3
温和潮湿	0	2	2	3	1	1	2	0	0	1	3	3
干热	2	2	2	1	1	1	2	2	2	1	1	1
湿热	2	2	2	1	1	1	0	0	0	3	3	3

注：0- 最差　1- 较差　2- 较好　3- 最好

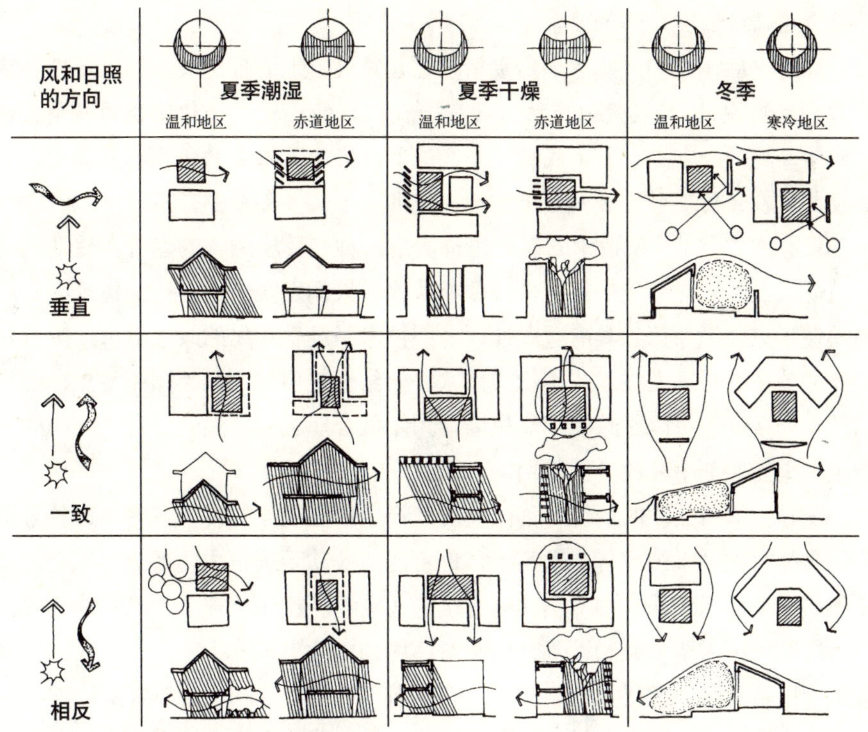

图3-35　根据不同气候安排室外空间

建筑营造室内物理环境的技术方式基本有主动系统和被动系统两种。传统建筑由于条件和技术水平所限都是采用被动系统，合理有效地利用地方自然资源来回应地方气候。一方面建筑与自然基本保持正常对话，人与自然基本是和谐关系，另一方面也表明人类生产力水平有限。进入工业化社会以后，建筑开始主要采用主动系统。这一方面是功能的需要。当时已经证明，为满足卫生健康要求，必须保证 60m^3/h 的换气率[1]，而在大型建筑中，完全依赖被动系统是很难做到的。另一方面这也是技术创新所带来的成果。机械通风、采暖系统已经发明，越来越多的现代建筑由于配备这些设施而具有了封闭的外皮。在技术巨大进步的鼓舞下，事物又走向了另一个极端，人类依赖机器来解决问题时更加得心应手，这种变化带来了人、建筑与自然关系的转变。由于技术的支持，内部环境的营造可以自给自足而不与地方环境以及气候产生必然的关联。一幢封闭式的建筑，可以被放置到任何一个地方，建筑内部与外部环境对话开始消失，人与自然的纽带关系也失去空间的载体。能源的巨大消耗也是这种技术方式的特征之一，虽然可以营造出具有优越指标的物理环境，但是如果代价过大，

1　数据来源：数据来自：Klaus Daniels.The Technology of Ecological Building.Berlin：Birkhauser Verlag,1994,p69

不符合可持续发展战略的要求。

反思之后，人们开始意识到重新建立起建筑与地方自然关系的重要性。建筑大师赖特说过："我努力使住宅具有一种协调的感觉，一种结合的感觉，使之成为环境的一部分，如果成功，那么这所住宅除了在它的所在地点之外，不能设想放在任何别的地方。它是那个环境的一个优美部分，它给环境增加光彩，而不是损害它。"[1]他所追求的有机建筑就是一种与环境融合的建筑。被动系统的节能效益和回应环境的重要性被重新认识，人们发现，许多传统建筑中的被动式技术方式至今仍然具有适宜性，一些技术经过现代化的改造后可产生很好的综合效益。被动式技术与主动式技术开始结合使用，比如太阳能蓄热，既可以是光电板，也可以是特朗伯集热墙，为了最合理利用自然光，自动控制的智能系统也能在其中发挥关键作用。

适宜技术所关注的是针对具体情况能产生最佳效益的技术方案，这种方案可能是纯粹被动系统或者主动系统，也可能是被动系统与主动系统的集合。从目前趋势来看，综合式的方案具有更广的适宜性。首先，被动系统的综合效益毋庸质疑，不需要复杂的设备，也不对环境构成危害。其次，由于当代的先进技术无论是信息技术还是智能技术，都朝着更有效合理利用自然资源的方向发展。地方资源中的阳光、风、水和土壤所蕴涵的能量正逐渐被进一步开发，尖端技术的介入可获得长远的综合效益。适宜技术致力于综合利用主动系统和被动系统以实现有效利用资源并营造宜人环境。

(3) 结合地方气候的传统建筑

传统建筑一般都是合理利用自然资源的气候型建筑的典范。地方技术是在一定自然和气候条件下经过岁月提炼而成，其中所体现出的"因地制宜，就地取材"的原则以及营造环境微气候的技术手法，包含了一种质朴、广义的生态观念，至今仍有适宜价值。

中国气候类型多样，跨越了热带、亚热带、温带和寒带，中国按地区季节温度的不同进行分区，有严寒地区、寒冷地区、夏热冬冷地区、夏热冬暖地区和温和地区。湿度格局大体上是西部和北部干旱，南部和东部潮湿。温度、湿度和地形地貌的复杂组合形成了多样化的地方气候。比如东三省和新疆同为严寒地区，但是新疆海拔较高，日照强烈干旱，所以地方气候也是截然不同，建筑热工要求也不同。为适应地方气候特点，中国传统地方建筑在布局、形体处理、材料运用和构造方法等方面形成了多种多样的地方技术，它们的共同点是注重利用阳光和风等可再生自然资源。

1 转引自西安建筑科技大学绿色建筑研究中心编著.绿色建筑.北京：中国计划出版社，1999，p88

中国北方地区冬季寒冷，严寒地区如东三省最冷月平均温度低于 -10℃，一年中日平均温度低于 5℃的天数超过 145 天[1]，空气干燥，风沙较大。所以建筑群布局较为密实封闭，有利于保暖防风沙，北、西、东三向墙体较厚，北面开窗少而小，南向墙体较薄，开窗大以争取阳光。建筑体形一般较简单完整，以减少表面积，住宅进深较大，有利于采暖。

干热地区如藏区民居和黄土窑洞，利用石块和生土的蓄热原理自动调节室内温度，冬暖夏凉，热环境理想且节能效果显著。新疆地区气候干热少雨、温差大，吐鲁番地区更是典型的沙漠干热型气候，每年 5 ~ 8 月气温高于 45℃，降雨量极少，冷空气流经常产生 8 级以上大风。当地民居为适应气候，以厚生土墙和厚草泥屋面保温，就地取材，利用火焰山周围高强度红色黏土制造土坯墙，厚达 60cm，对保温防风沙十分有利[2]。建筑开小窗，居室深藏内部并半沉入地下，向阳面进行掩土处理，庭院利用绿化（葡萄藤蔓等）遮阳，引水入院，调节小气候。

中国高海拔地区如滇西北地区的摩梭族，利用当地盛产的木材建造井干式民居。木材保温隔热的效果和热稳定性较弱，为适应当地强日照、温差大和干旱的气候特点，他们发展了一种利用复合空间的技术。有火塘的堂屋被嵌套在中央，无论南面的前室，或是东西两侧的卧房和厨房，还是北面的仓储室，都起到了空气间层的热工作用，白天阻止了强光和热辐射，夜晚则对冷空气进行预热，减少了内部空气热损失，增强了堂屋内的热稳定性。

南方湿热地区一般房屋前后门对开，可形成穿堂风，并利用小天井加强自然通风，屋檐出挑深远以遮阳挡雨。建筑群落注重利用阴影空间，即在良好组织通风的前提下，建筑相对集中，形成阴影下的街、巷、庭院等，以宜于户外活动。湿热地区传统民居比较典型的例子是傣族竹楼和广东竹筒式住宅。

西双版纳地区属亚热带气候，无霜雪，年平均气温 21℃，年降雨量在 100 ~ 170cm 之间，相对湿度大，日照强烈[3]。当地的傣族竹楼（图 3-36）脱胎于巢居，一般屋顶硕大，内部空间高爽，有利于室内热空气升至屋顶从瓦沟间隙排出。屋面出檐深远，不仅排水顺畅，且有利于遮挡阳光。墙面向下内倾，减少墙面接受的辐射量，有时墙板外加一圈腰檐，起遮阳、防辐射的作用，形成的三角形空间用以储藏杂物。建筑一般采用木构架底层架空防潮湿，而且加强通风，楼板和墙板多采用地方的竹子为材料，缝隙多，轻薄透气，使建筑上部的热空气通过楼板孔隙传到架空下层室外。

---

1 数据来源：建设部．民用建筑热工设计规范：JGJ 50176-93，1993

2 数据来源：新疆土木建筑学会编著，严大椿主编．新疆民居．中国建筑工业出版社，1995

3 数据来源：黄浩主．中国传统民居与文化：中国民居第四次会议论文集，1996．转引自任怡．中国传统地方建筑适宜技术的启示．重庆建筑大学硕士学位论文，p34

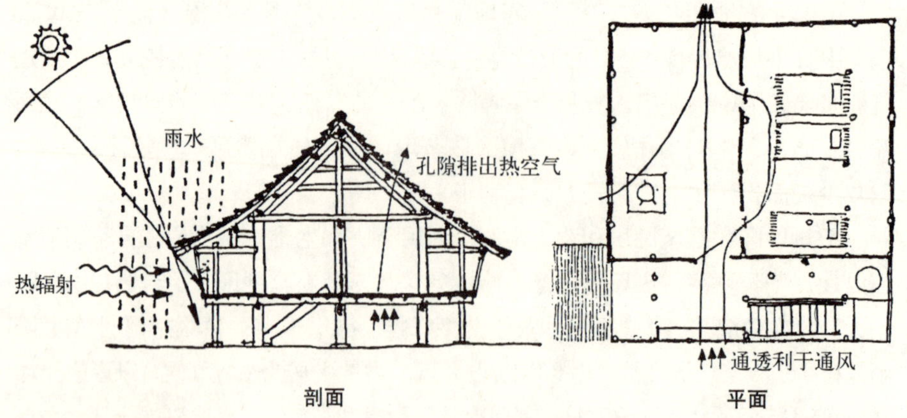

图3-36　傣族竹楼

广东地区同样是空气潮湿，日照充足，通风与遮阳是关键。当地的竹筒屋（图3-37）为单开间的狭长布局，宽度多为4.0～4.2m，进深多为8～12m，深的可达30m以上。整栋住宅一般分前、中、后三部分，各以天井为核心组织。前厅设神楼，是家庭主要生活空间，厅后是卧室，中部为过厅（兼饭厅）和卧室，后部为厨房、厕所。竹筒屋的中后部为二至三层，剖面形成逐渐升高之势，室内的采光、通风主要靠天窗、天井和高侧窗。这种住宅适应地方气候的技术特征主要体现在以下几方面：采用逐渐升高的剖面形式，增加了建筑的进风口，有利于通风；大门处采用"躺笼"，挡人不挡风；室内隔断一般不到顶，以加强通风；利用小天井抽风，从大门到天井，室内是一个通透空间，利用窄天井的拔风效果，加速空气流动；设置通风边弄，加强了通风效果；建筑层高较大，减少房间界面的风阻，有些层高达5m，有利于室内通风；主要房间利用天井

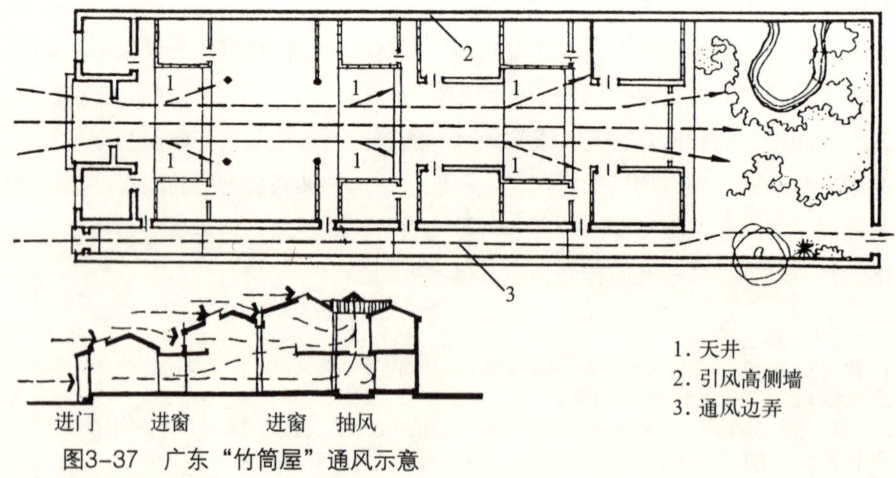

图3-37　广东"竹筒屋"通风示意

间接采光，有利于减少热辐射[1]。设置阁楼和天窗是炎热潮湿地区传统建筑采光和组织通风的重要方式，室内热空气上升从顶窗逸出形成负压，较凉的空气从地面或者经过遮阳的冷却后进入室内，从而带动了空气对流。楼梯间也是传统建筑中的重要通风途径，在靠近楼梯的下方或上方开窗能形成风压差，通向屋顶的楼梯出口一般朝向主导风向，使风灌入室内。

庭院可谓是中国传统建筑的灵魂所在。前、中、后和侧面的天井使得任何一个房间都能获得自然通风和自然采光。天井中布置绿化，利用空气蒸发致冷原理，产生热压力差以带动空气对流，外界热空气经过天井降温后进入室内（参见图 3–29）。建筑群一般随着天井一重重升高，形成前高后低的格局，有利于获得日照，并起到兜风作用，可提高风速。

中国黄土高原的窑洞技术是合理利用自然资源回应地方气候条件的典型技术之一。黄土资源在当地极其丰富，就地取材，构筑技术也较简单，造价经济。土地的热稳定性好，地下温度受外界温度波动的影响较小。有研究表明，当空气温度年内波幅为 20℃左右时，地下 1.5m 深处的年温度波幅仅有 8℃左右（图 3–38）。对于日平均气温的变化，在地面以下 0.5m 就几乎没影响，例如在西安地区，夏季最高温度为 40℃，冬季最低为 −10℃，地下 4 ~ 6m 的土温夏季为 14.5 ~ 16.5℃，冬季为 14 ~ 15℃[2]。土壤的这种特性使得窑洞具有良好的室内热环境，适应当地的严寒酷暑气候环境。

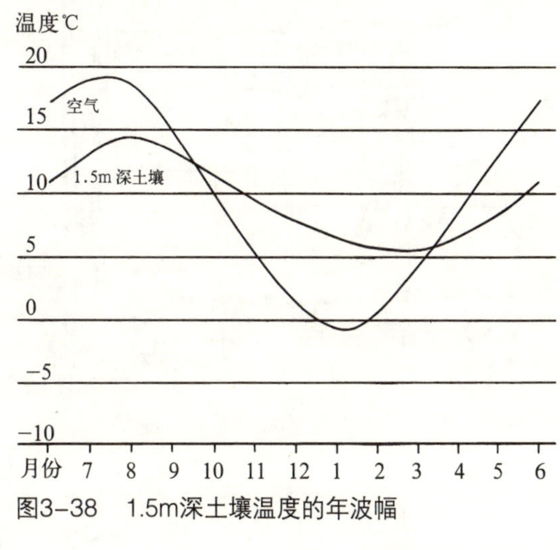

图3–38　1.5m深土壤温度的年波幅

在西亚等干热地区，早晚温差大，空气干燥，通风和防热措施是建筑技术的重点。伊拉克传统民居中通常采用捕风塔捕风，并利用可开启的庭院来调节日夜的温度。夏季白天人们在底层活动，风塔捕捉的风通过长长的垂直风道，冷却后进入庭院；夏季夜晚，人们呆在已经冷却的屋顶，室外冷空气从开启的庭院下沉进入，垂直风道中的空气温度相对较高，从顶部逸出，从而带动了空气对流，使得室内冷却（图 3–39）。中国攀西和滇西北地区民居也有类似的通

1　数据来源：黄浩主.中国传统民居与文化：中国民居第四次会议论文集.1996，转引自任怡.中国传统地方建筑适宜技术的启示.重庆建筑大学硕士学位论文，p34

2　数据来源：西安建筑科技大学绿色建筑研究中心编著.绿色建筑.北京：中国计划出版社，1999，p252

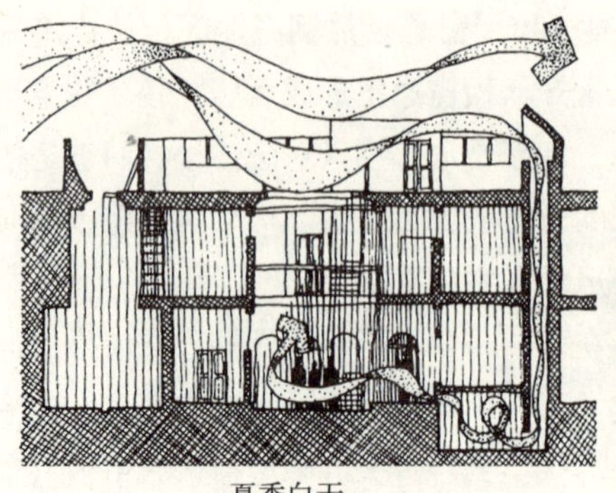
夏季白天

夏季晚上

图3-39　伊拉克民居的通风防热措施

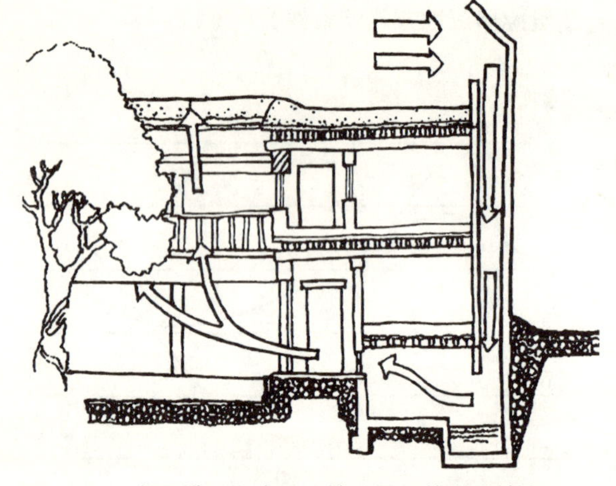
图3-40　中国攀西和滇西北地区民居的通风技术

风技术，该地区处于横断山系，属于青藏高原和云贵高原向四川盆地的过渡带，地形起伏大，平均海拔大于2000m，纬度北纬20～27度，每年平均温度10～20℃，但是早晚温差大，相对湿度小于60%，全年日照率大于70%，日照时数大于2000小时/年，气候多风少雨，属于干热地区[1]。当地有些建筑利用风管捕风，从屋顶管道口进入的风经过垂直管道时被冷却，进入带水池的半地下室后又经过二重的冷却和加湿，室内空气湿热条件明显改善（图3-40）。

西方国家在18世纪开始掌握了较复杂的被动式通风系统，在大型建筑中实现空气的自动置换。当时西方国家的工业化时代已经开始，新的功能要求使得大量的会议厅、剧院、兵营和医院等大型建筑出现，通风要求更加复杂。英格兰的一座监狱中，设计者约书华·吉伯（Joshua Jebb）创造了一种多层建筑的通风系统（1844年），所运用的依然是最基本的空气动力学原理——烟囱效应。其技术要点可归结为：适当的室内高度、屋面以及临地面的开口、顶部较高的烟囱状风道。空气从底部进风口进入，在底层经过加热后通向每层，每个房间都有上部的进风口和底部的出风口，顶部风道内置壁炉以加热空气，使得空气上升形成负压区，从而带动整个系统的空气流通（图3-41）。运用相似的原理，戴维·鲍斯威尔·雷德（David Boswell Reid）在伦敦下议院设计（1835-1845）中较完善地解决了复杂的通风问题。

1　数据来源：毛刚等.结合气候的设计思路.世界建筑01/1998，p15

(4) 结合地方气候的现代建筑

传统建筑中回应地方气候的基本原理在当代依然具有价值，辅以现代技术的支持，它们得以重新获得适宜性，现代材料技术、构造技术、施工技术的改造使得它们在功能性、经济性等方面都获得了拓展。现代建筑技术回应气候的方式中，总是会或多或少地借鉴传统技术的原理，以充分利用阳光、空气、水、土或者植物等自然资源。

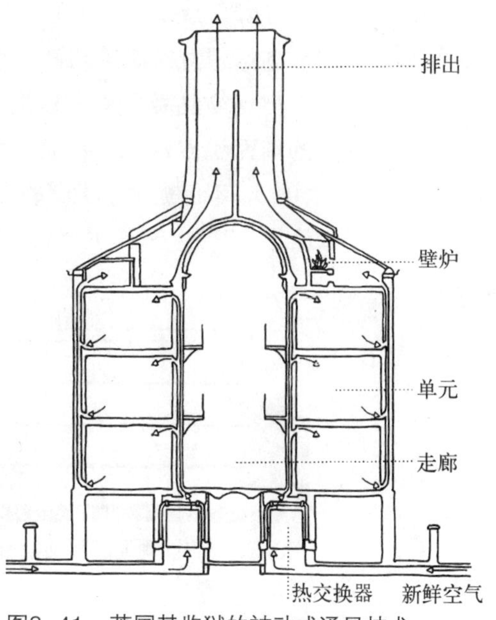

图3-41 英国某监狱的被动式通风技术

受掩土建筑的启发，许多有相似资源条件的地方都建造了新型的掩土建筑。建筑掩土方式主要有三种：下沉式、堆土式、靠山式。三种方式中，土壤或者半掩盖墙体，或者全部覆盖墙体和屋顶。通风和采光是掩土建筑所要解决的重点问题，采光可以通过天窗、院落、中庭或者边窗，通风就需要设置不同的开口并使之能产生压力差。图3-42中显示了三种掩土建筑中不同的采光和通风措施。法国HAGETMAU

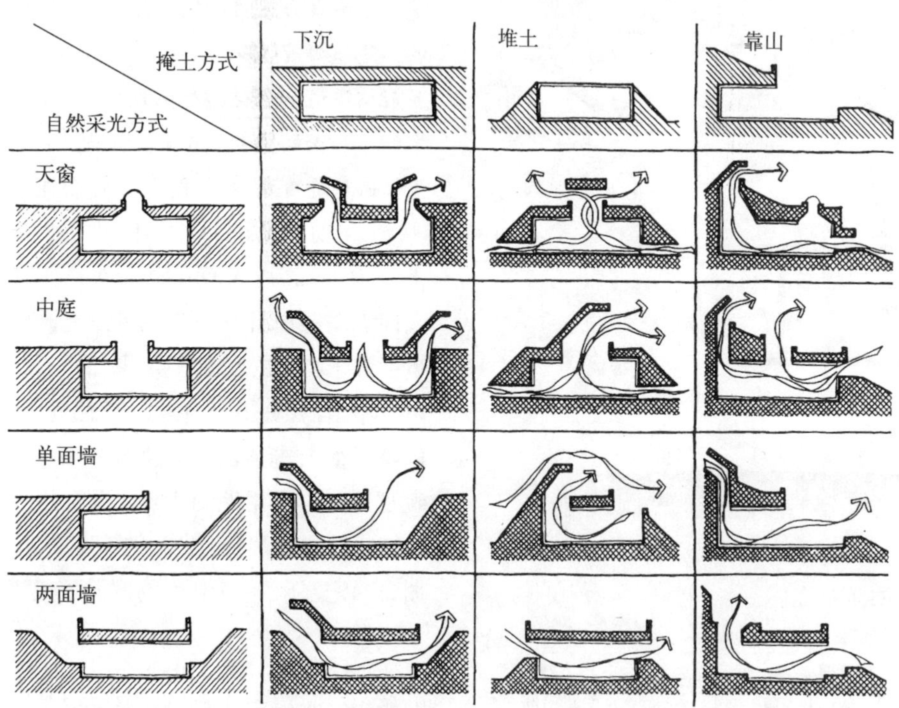

图3-42 当代不同掩土方式下的采光和通风方式

市政府所有办公房间都在地下，屋顶建成花园，有花园市政府的美称。美国明尼苏达州首府明尼阿波利斯市数据控制与信息中心的办公楼与实验室为一大型钢筋混凝土掩土建筑，东、西、北三面覆土种草至第三层，掩土覆盖的墙面积占建筑外围总面积的59%，南面为一大型毗连日光间，面积达1560m^2，不仅提供了供暖的热量，也增加了采光，其内有一容量为230m^{3}的水池作为贮热（冷）库（图3-43）[1]。

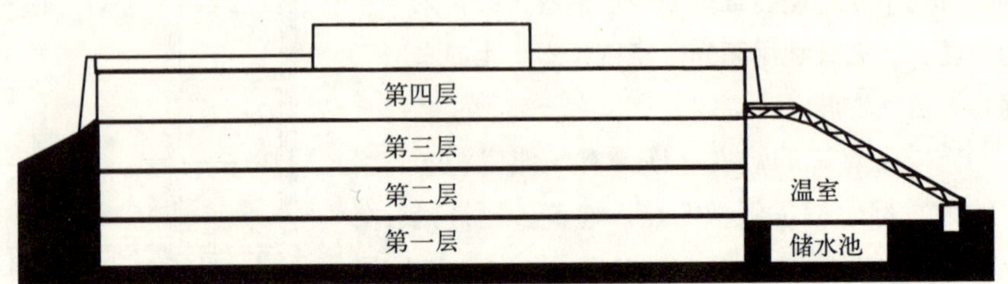

图3-43　美国明尼阿波利斯市数据控制与信息中心掩土太阳能建筑剖面示意

建筑大师赖特是掩土建筑的推广者，他作为有机建筑的创始者，强调建筑与环境有机地融合，他说："有机建筑应该是自然的建筑，自然界是有机的，建筑师应该从自然中得到启示。房屋应该像植物一样，是地面上的一个基本的、和谐的要素，从属于环境，从地里长出来迎着太阳。"[2]他在雅格布住宅(Jacobs II house)中采用了堆土式掩土方式，减少了北面的热损失，并使南向面向花园且获得充足的阳光，建筑适合于当地的寒冷气候（图3-44）。

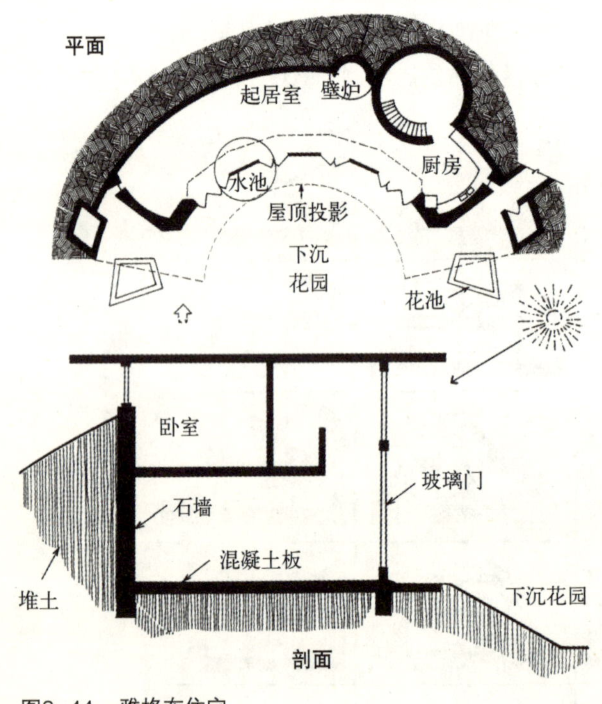

图3-44　雅格布住宅

中国窑洞的现代化改造研究已经取得了很大进展，新型窑洞保留了冬暖夏凉、节约用地的优点，并利用现代技术改进通风、采光和结构安全性。图3-45显示了一个典型的窑洞现代化

1　数据来源：夏云等编著.生态与可持续建筑.中国建筑工业出版社，2001，p112

2　转引自西安建筑科技大学绿色建筑研究中心编著.绿色建筑.北京：中国计划出版社，1999，p88

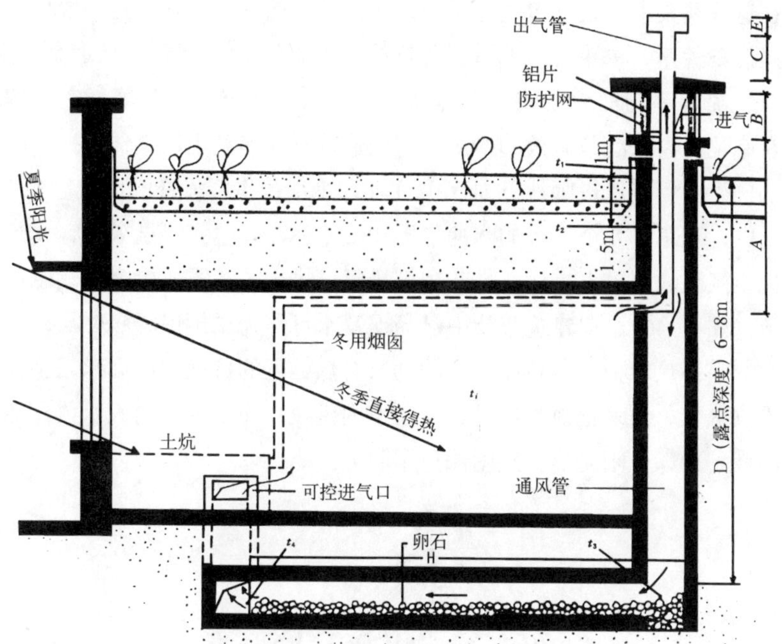

图3-45 新窑洞剖面示意

改造实例，成熟的结构和构造技术使得窗户可加大，获得了更多的太阳光，增加了拐角形的风道以改善通风条件，使得进入室内的空气在夏季预冷却而在冬季预加热。实验表明，当夏季室外温度为37.1℃时，室内温度仍为22℃[1]。在风道的构造上，A段为热交换构造段，冬季室内空气经内管排出时，与在外管中进入的新鲜冷空气进行了热交换，对进气起到了预加热作用，夏季则正相反；B段为捕风器构造段，用活动铝片导风，使室外新鲜空气进入管内；C段和E段是排气管高出屋面的部分，它被涂成深色以增加对太阳能的吸收，扩大管道上下端的温差，强化热压通风作用；E段排气口被设计成水平贯通式，是为了防止冬季冷风往里倒灌；垂直风道D段是主要的空气温度调节区域，这是利用了土壤的恒温特性，在夏季预冷进入的空气而冬季起预热效果，底部的卵石是蓄热库；水平风道H段是空气湿度调节的区域，它位于热季的露点深度，能起到夏季降低相对湿度而冬季则增加相对湿度的作用。

水是重要的建筑环境要素，在改善环境小气候方面，水可资利用的方面有很多。首先水蒸发带走热量，可用于降温；其次水可以增加空气湿度；再次，水是一种良好的蓄热材料，它的蓄热能力是空气的400倍。干热地区利用水体蒸发降温，蒸发降温的效果取决于水体的表面积、温度、风速和空气的相对湿

1 数据来源：夏云等编著.生态与可持续建筑.中国建筑工业出版社，2001，p122

度，在这些要素里，设计者能控制的是水体的表面积及位置。在一般风速、湿度和温度条件下，一平方米的水面能产生 200 W的降温能量[1]，效率是有限的，但喷泉、喷雾等辅助手段能大大提高空气和水的热交换，并增加空气相对湿度。在庭院内设水池是有效的措施，当代建筑有许多利用这一传统技术改善小气候的例子。伊朗建筑师沙巴（Sahba）在印度新德里所设计的巴哈伊（Bahai）礼拜堂中，利用了九个下沉的水池包围建筑主体，以达到降温效果，水蒸发带来的凉空气从底部进入大厅，并从顶部排气口排出，在需要的时候辅以风扇加速对流（图 3–46）。在建筑节能中已经提及水可作为屋顶保温隔热层，这是利用了水的高蓄热能力。蓄热能力好的物质有热延迟的特性，比如水屋顶在冬季白天吸收热量，到晚上放出热量，能向室内供暖；而夏季，白天水体靠蒸发和吸热消耗了大部分阳光热，室内保持了阴凉。

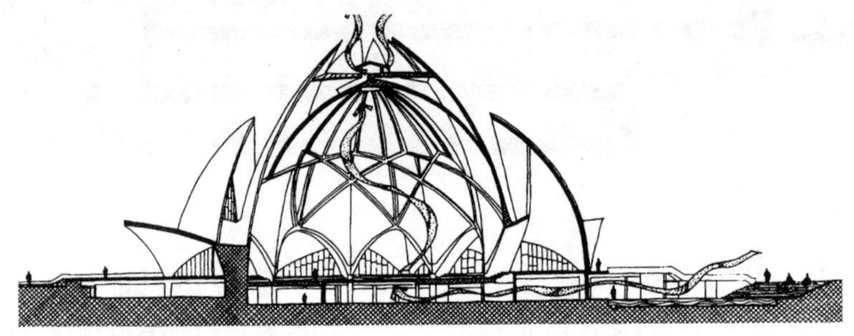

图3–46　巴哈伊礼拜堂剖面示意

烟囱风道是一项被动的传统通风技术，它对于自然风的依赖较小，适宜于那些缺少自然风的地区，在现代建筑中也被广泛运用。其基本原理就是利用建筑内热产生高点与低点开口的空气压力差，室内较热空气上升逸出，底部背阴面有较凉空气进入替换。这种空气交换的频率主要取决于进风口与出风口的垂直距离以及室内外温差，所以有许多地方的现代建筑通过加设烟囱风道来加强通风。英国 Garston 的房屋研究机构（Building Research Establishment）办公楼利用南面五个烟囱来加强底部两层的通风，南立面采用大面积玻璃，加热外出气流，以增加温度差，风道内设有辅助的风扇（图 3–47）。英格兰芒福特大学（de Monfort University）的皇后楼是运用烟囱通风的现代建筑经典之作，它的每一个单独声学区域都设有单独的烟囱风道。大礼堂对光线和通风的要求是不一致的，有时不需要采光但依然需要通风，所以进风口被巧妙地安排在了座位下面，出风口是两个高出屋面的风口，在关闭窗户的情况下，礼堂依然能保持良好的通风（图 3–48）。大型的多层建筑同样可以利用烟囱效应通风。

1　数据来源：Santamouris, M., and D. Asimakopoulos, eds. .Passive Cooling of Buildings. London: James&James, 1996

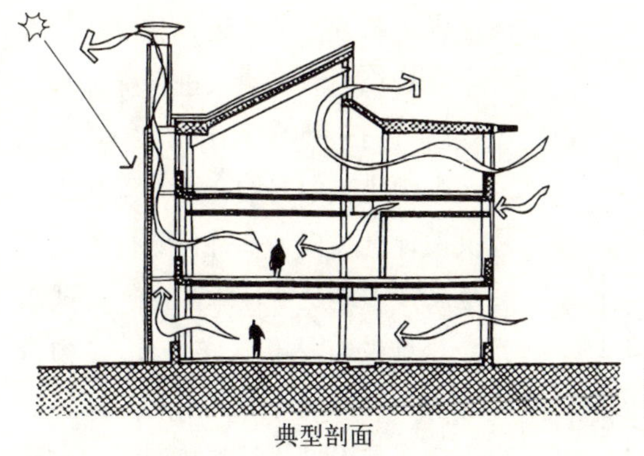
典型剖面

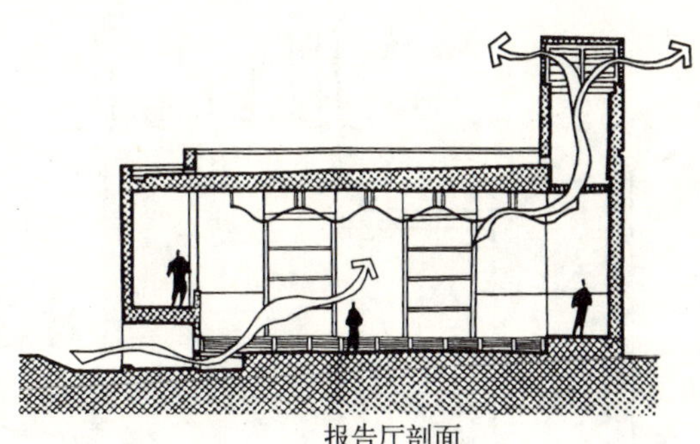
报告厅剖面

图3-47　英国Garston的房屋研究机构办公楼剖面

皮尔斯（Pearce）及合作者在赤道国家津巴布韦设计的Eastgate Building中，利用此原理实现了每一办公房间的自然通风。垂直风道设在中间，每一层都有通向房间的开口，顶部放大成拱形，扩大接受阳光的面积，从而使空气变热加大压力差，凉空气从靠窗底部进入，变热上升后从出风口出去，晚上空气置换率能达到7次／小时（图3-49）。

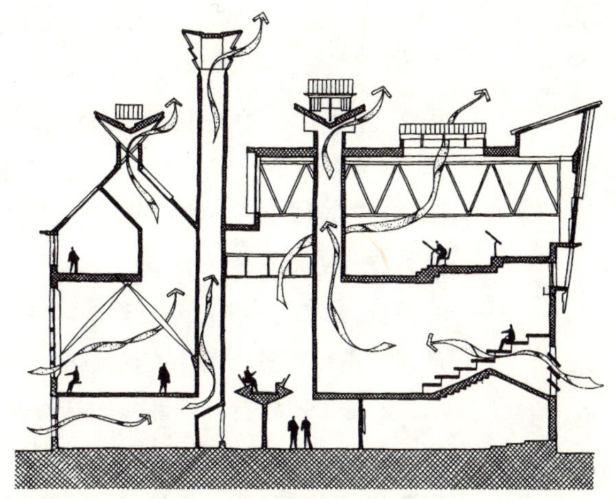
图3-48　英格兰芒福特大学皇后楼剖面

在干热地区，捕风塔虽是传统通风技术，在当代依然是地方的适宜技术。在决定建筑朝向的时候，有时阳光的要求与通风的要求相矛盾，捕风塔的优点就在于它可以朝向任何方向而不影响主要建筑满足其他要求。为躲避强烈的日光，通常主要房间都远离窗户，通风就依靠高出屋面的捕风塔。哈桑·法赛（Hassan Fathy）是位坚持创造具有地方特色建筑的埃及建筑师，他充分根据地方气候特点来进行建筑创作，捕风塔是他的创作中一个重要的地方性要素。在埃及卡拉布沙（Kalabsha）的总统行宫设计中，他设计了高耸的捕风塔和出风口，捕

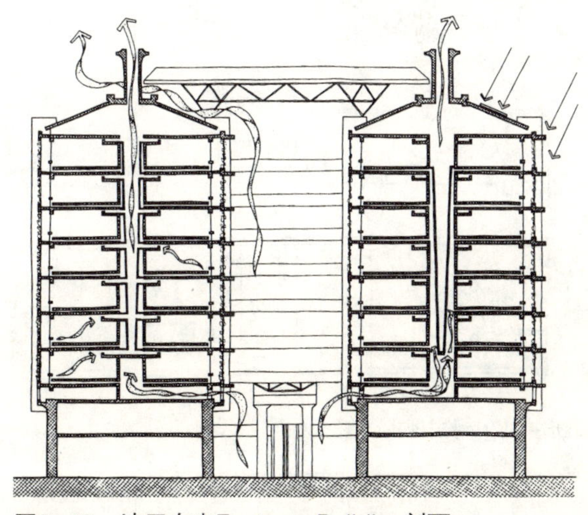
图3-49　津巴布韦Eastgate Building剖面

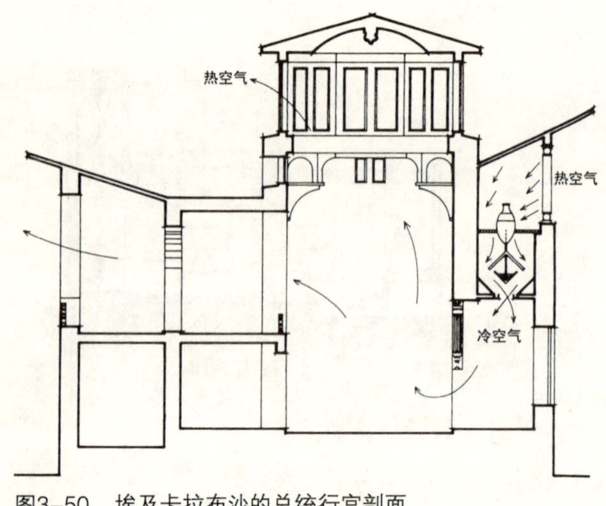

图3-50　埃及卡拉布沙的总统行宫剖面

风塔内还布置了喷水装置和带有湿炭的金属挡板，以对空气进行降温和加湿处理（图 3-50）。

当代建筑中，结合地方气候进行建筑设计已经成为一种自觉行为，不管是高技术还是低技术倾向，都试图回应当地的自然和气候条件。“构造设计学”受传统地方技术的启发，着力于合理利用自然资源和节能，它的基本思想是：不依赖耗能设备，而在建筑形式、空间布局和构造上采取措施，以改善建筑环境，实现微气候建构[1]。这对于发展中国家的可持续发展具有现实意义。印度建筑大师柯里亚的作品对该思想作了有力的注释，为解决干热气候下的遮阳和通风问题，他提出了“开敞空间”和“管式住宅”两个概念。他认为有阴影的户外空间或半户外空间更适合于干热气候地区的公共活动。他于 1963 年设计的甘地纪念博物馆就秉承了这样的设计理念，弗兰普顿评述此建筑时说道：“建筑由一系列严谨有序的空间组成，无疑是伊斯兰清真寺中大面积水体化开敞空间的历史传承，在这里有绿荫和潺潺的池泉创造了宜人的小气候。”[2]1981 年他设计的巴洛特 · 巴汶艺术中心是以覆土掩体和利用自然地形创造环境微气候的成功例证。建筑利用坡地形成一系列平台花园和下沉水庭院，蒸发制冷和加湿空气，创造了温湿度宜人的户外开敞空间，其设计原型直接来自于古梵庙中一些公众祈祷空间。“管式住宅”把烟囱原理运用于剖面设计，加强建筑的自然通风。室内空间和半室外庭院组合在一起，创造了小型化的户外阴影空间，并利用植物蒸腾作用进一步加强自然通风（图 3-51）。他在印度 Parekh 住宅设计中发展了这一概念并采用了两种剖面形式——“冬季剖面”和“夏季剖面”，

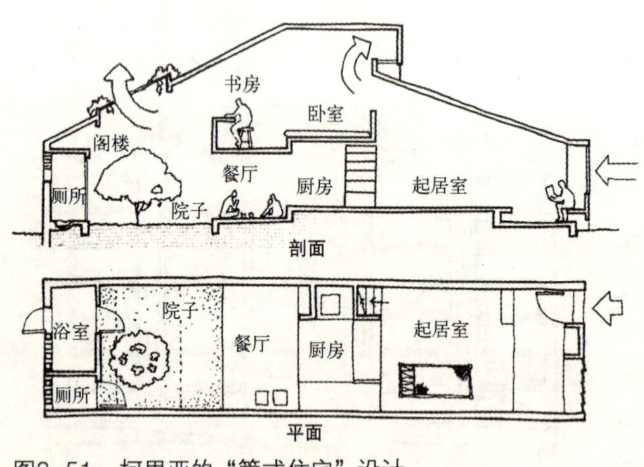

图3-51　柯里亚的“管式住宅”设计

1　肯尼斯 · 弗兰普顿著，饶小军译.查尔斯 · 柯里亚作品评述.世界建筑导报01/1996

2　同上

供不同季节和一天中不同时段使用："冬季剖面" 用于冬季白天或者夏季晚上，冬季白天主要靠上午来自东面的阳光来加热空气，屋顶上有半遮阳的凉亭适合夏季晚上户外活动；"夏季剖面" 位于建筑中部，介于 "冬季剖面" 和服务区之间，它尽量减少了外露部分面积，并利用烟囱原理拔风（图 3-52）。

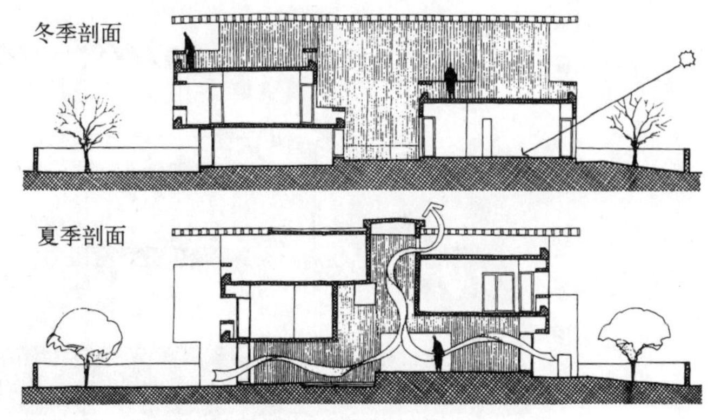

图3-52　柯里亚设计的Parekh住宅剖面

马来西亚的杨经文所提倡的生态气候学也是利用建筑布局和构造方式来适应地方气候特征的设计思路，与构造设计学同出一辙。他在高层建筑设计中注重布局、朝向、反射、遮阳、绿化平台等方面，梅纳拉商厦是完整体现他设计思想的经典案例（图 3-53），在具体技术措施上，体现为以下几点：1. 将电梯、卫生间等服务性空间布置在建筑外层，减少太阳对中部空间的辐射。2. 高层建筑表面绿化或在中部引入绿化开敞空间，减轻高层建筑的热岛效应。3. 设置不同凹入深度的过渡空间来塑造阴影空间，并使遮阳与绿化相结合。4."二层皮" (double-skin) 的外墙，形成复合空间或空气间层，这一技术在热带和寒带都有良好的保温隔热作用。5. 在屋顶设置遮阳反射格片，其角度可调，根据不同时段和季节而变化，结合屋顶花园改善热工。6. 外墙进行遮阳设计，并成为建筑造型的语言。7. 利用上下贯通的中庭和"二层皮" 间的烟囱效应创造自然通风。8. 外墙水雾喷淋蒸发制冷。杨经文的生态气候学是在该地区优秀传统营造思想上的提升，可以在当地找到许多历史引证，如骑楼、绿化平台、通风屋面等。在杨经文的热带地区住宅设计中，遮阳成为了主要的建筑语言。针对在低纬度地区主要的得热体是屋顶，他提出了一种双重屋顶的设计概念。在他的自宅设计中，半遮阳的格栅式屋顶覆盖整个房屋以形成缓冲空间，室内外空间交织组合，有半遮阳区和全遮阳区，白色的混凝土格栅角度顺着拱形变化，上午能透过阳光而下午则反射阳光（图 3-54）。

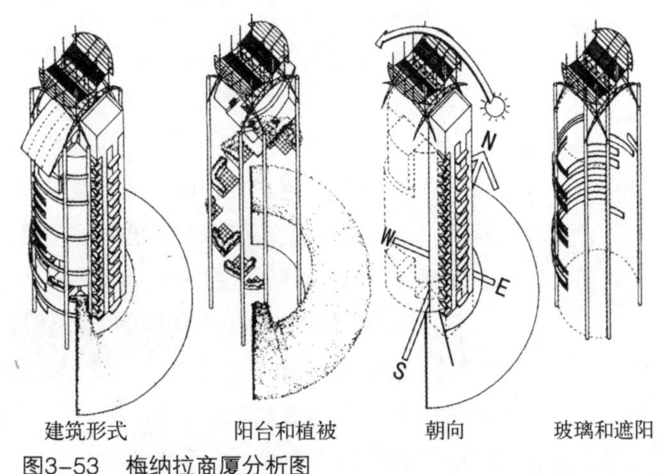

图3-53　梅纳拉商厦分析图

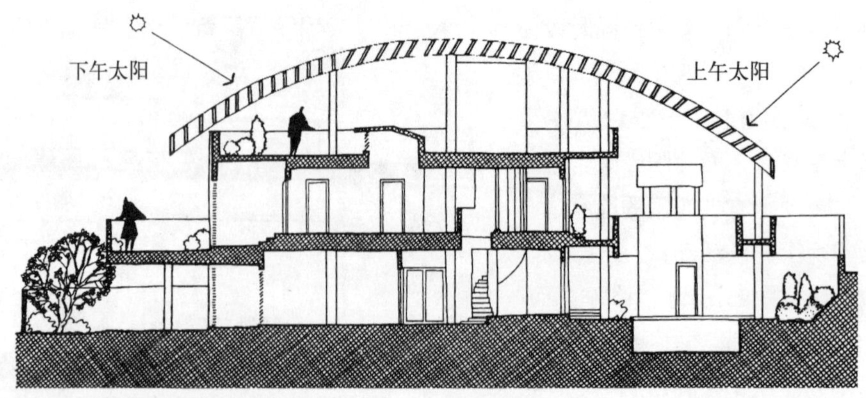

图3-54　杨经文自宅剖面

构造设计学寻求继承地方文脉，设计中抽取的地方性因素是气候特征，而非单一的形式要素，与批判地方主义的主张不谋而合。**在各种气候条件下，空间本身就像钢筋水泥一样是一种资源，可精心营造以达到节能和创造宜人微气候的目标。传统地方建筑技术在这方面给了当代建筑师许多启示。在现代技术的改造之下，传统地方建筑技术的科学内涵能重新焕发光彩。**

小结　本章可简称为适宜技术之环境篇

本章首先回顾了技术与自然关系的演变。技术与自然的对立始于近代。在主体意识的支配下，人在以现代技术为工具征服和控制自然的同时亦走向了自然的对立面。技术与自然之间的关系由原来的和谐转变为对立，从而导致矛盾丛生。当代适宜技术所要寻求的是人类当前的发展需求和遵循自然规律性两者之间的平衡点。

然后阐述了适宜技术的环境观的基本理念。适宜技术环境观的基础来自于生物区域观，它关注环境自我更新的能力与区域可持续发展的关系，主张人的活动强度应以环境承受能力为依据。适宜技术在环境方面的“适宜性”就表现在针对生物区域的特点选择最恰当的技术。最佳环境效益体现为自然生态系统的完整程度或可修复程度，所以适宜技术环境策略的目标就是尽力维持自然生态系统的完整性，它包括保护自然和回应自然两方面。

最后提出了当代适宜技术的环境策略。

适宜技术保护自然生态环境的策略体现在四个方面：1. 选择对环境损害轻微的技术，注重植被、土壤、水资源和景观的保护；2. 选择能充分利用地方资源和可再生能源的技术；3. 注重重复利用和循环利用；4. 加强建筑节能环节，减少能源损耗以及三废的排放。

适宜技术回应自然的策略体现在四个方面：1. 选择能有效结合地方气候的技术系统，使建筑能充分利用可再生能源，主要体现在自然采光、自然通风等被动技术的运用上；2. 选择符合地方气候特征的技术，使建筑获得宜人的物理环境，主要体现在维护结构的保温隔热、通风系统组织等方面；3. 选择能适应地方特殊自然环境的技术，增强建筑抵御自然灾害的能力；4. 选择能使建筑在形态上与周围环境融合协调的结构、构造和材料技术。

在建筑活动中，通过对自然资源的有效利用，建筑与地方自然环境的纽带关系也得以建立，建筑回归自然并获得了地方性。利用自然资源的被动方式具有极佳的节能效果和环境效益，它涵盖了从建筑选址、规划布局到单体设计等各个方面。建筑都处在特定的环境中，建筑回应自然的方式主要表现为积极利用阳光、水、空气、土壤和植物等环境资源，创造符合地方气候特征的宜人的建筑物理环境。在各种气候条件下，空间本身也是一种资源，可精心营造以达到节能和创造宜人微气候的目标。传统建筑中回应地方气候的基本技术原理在当代依然具有价值，辅以现代技术的支持，它们得以重新获得适宜性。这种策略对于发展中国家的可持续发展具有现实意义。中国拥有丰富的传统建筑遗产和良好的可再生能源、清洁能源，具有贯彻此策略的充分条件。

第四章　地方性建筑中适宜技术的经济策略

自工业革命以来，技术的使命一直是追求效率，刺激经济发展，而它确实也成为了经济发展的直接动力。在对现代技术进行反思时，普遍认为正是对技术理性和经济发展的一味追求才使得许多棘手问题伴随产生，其中最主要的问题就是生态环境的破坏、文化断裂等等。所有这些问题都相互关联，并最终都落实到了人与自然的关系问题上。技术是两者关系的直接中介，采取什么样的技术观和技术，都显示了人类对待自然和自身关系的态度。

当代的主要命题就是人与自然。经济发展是人类社会的最基本需要，生态环境的保护也是自然界的基本要求。在一般的发展模式中，经济发展是优先的，而自然界的要求则容易被忽视，这是问题的症结所在。在可持续发展思想被确立后，经济发展所要解决的主要问题就是处理好它与环境保护之间的关系。所以**在讨论经济发展问题的时候，环境保护问题不能撇开。当代技术发展的使命是更正价值取向，解决发展与环境保护之间的矛盾。这就意味着技术被赋予两重任务：一方面是保证经济发展，另一方面是兼顾生态环境的保护**。这是与工业技术完全不同的使命。适宜技术正是以此为使命，它以取得最佳综合效益为目的。显然，经济效益和环境效益都是衡量综合效益的子系统。

第一节　经济发展、环境保护以及技术

1．经济发展和环境保护的矛盾

经济发展和环境保护之间的关系经历了发展和转变。传统发展观中，经济是最主要的衡量指标，对利润的追逐是经济活动的核心。而人类的行为是一把双刃剑，人类社会生产出空前丰富的物质产品，另一方面却同样制造了污染，破坏了环境。这种破坏导致环境承载力的下降，最终又反过来制约了经济的进一步发展。人类社会越来越认识到，经济发展和环境保护是相辅相成的关系。中国作为一个新兴的发展中国家，高速的经济发展使人们的生活条件日渐提升。生活的改善与经济更高速发展的要求促使整个社会环境必须以不断的变化与之

相适应。但这种变化带来的副作用最显著的一点就是自然资源与生存环境的破坏，构成经济发展带动盲目的的环境和建筑营造，而营造破坏环境、耗损资源，必将成为下一步经济发展的隐患，这是一个恶性循环链。在经济的急速发展的同时，暴露出国人对生态观念的严重滞后。中国七大水系的污染、水土流失；西部荒漠化导致华北的沙尘暴；人们终于感受到用牺牲生态环境利益来换取经济利益的严重后果。2007 年夏初太湖大面积蓝藻爆发，导致无锡及周遍地区一段时间不能正常使用自来水，环境恶化的代价终于开始显现。此时要治理太湖，已经是一个全面手术了，对当地经济的消极影响也是可以预见的。因此，如何处理好经济发展与环境保护的关系事关重大。

从经济角度来看，正是经济发展和环境保护之间的矛盾造成了自然生态环境的污染和恶化。在一定时期的一定社会，总资源是有限的，那么环境保护和经济发展之间必然存在短期矛盾。资源的分配方向受到一定时期发展观的影响。经济发展如果具有优先权，那对于环境保护的投入就势必减少。这正是传统发展观的所采取的发展策略，它优先保证经济的高速发展，先污染后治理。经济发展和环境保护也存在长期的矛盾。当代人依靠过度消耗自然资源来实现经济高速发展，其环境破坏的许多负面效应也许将延迟，后果往往由未来人承担。当代人在进行资源配置时，往往更多为自己的利益考虑。资源配置所产生的经济成果鼓舞人心，反过来又论证了这种发展模式的“正确性”。但是不可避免，未来人的利益受到损害，由此也造成了生态环境恶化的累计效应。发展中国家所面临的问题更加尖锐，为了追赶发达国家，要大力发展经济，其间很多策略都是以牺牲环境为代价。在粗放型经营模式中，为了保证发展速度，不得不依靠过度的资源消耗。为了客观公正地在经济发展和环境保护之间作出取舍，就必须把时间坐标拉得更长。

技术作为人类物质生产活动的手段，是资源配置的方式和工具，其经济上的目的性十分明显。根据杜威字典的定义，经济的意思就是“为满足人对物质和个人成就的需求而使用的设施和措施的总和”[1]，可见经济与技术目标的一致性。技术不断发展的过程，也是技术的经济效果不断提升和增长的过程。自工业革命以来，技术与经济发展的关系前所未有的密切，技术已经成为经济过程中的关键因素。技术的考虑与效益的目标空前地得到了一致，技术的价值也被人们认为只有在它取得最大效益的条件下才是惟一可能的。技术经济学成为研究技术与经济发展之间关系与规律的学科。现代工业技术对经济发展的促进作用毋庸质疑，近半个世纪的发展已经证明，**技术的进步已经成为经济增长的**

1 许晓峰.技术经济学.中国发展出版社，1996，p3

动力和决定性的因素。有数据表明，在工业革命以前，欧洲的经济增长率一般都低于 0.1%，大约 700 年才能增长一倍，而在工业社会开始的 100 年，年平均增长率达到 1%，这样 70 年就能增长一倍。20 世纪初期，劳动生产率的提高主要靠人力和设备，技术创新的作用仅占 5% ~ 20%，而当今世界，劳动生产率的提高主要靠技术创新，其份额占到 60% ~ 80%[1]。新技术的出现甚至带来了经济发展模式的重大变化。现代工业技术是如此强大，但它同时也带来了许多问题，这缘于它的资源配置方式。总的来讲，它的配置方式是以经济发展为优先选择，这是造成经济发展与环境保护之间对立的直接因素。

2．经济发展和环境保护的协调

可持续发展思想中强调经济发展和环境保护的协调性，这也是对传统经济发展模式反思的成果。

从长远来看，环境破坏会制约经济的发展。首先是环境承载力的下降导致经济发展能力的削弱。地区的自然资源是支撑经济发展的最基本条件，最佳配置的自然资源条件能降低发展成本，生态环境条件的不足会增加综合平均发展成本。根据中国科学院可持续发展研究组的研究，仅由于生态环境方面的先天不足，中国综合平均发展成本要比世界平均水平高 1/4[2]。即在平均条件下，国外花 100 元可以办到的事情，中国得花 125 元才能达到相同目的。举个简单的例子，某地区由于环境保护不利而导致水资源滥用或者污染，那么在此地区要造建筑，供水就需要从外引入或者投入治理成本。这就大大增加了建设成本和运营成本，影响了建筑本身的经济效益。其次，环境后治理本身也是经济发展的包袱，在先污染后治理的情况下，要恢复原貌，所要花费的代价极其巨大。从长远的眼光看，环境保护应该立足于边发展边治理。为环境保护所支出的预防措施费和管理费要比污染后再治理的费用低得多，就如为预防疾病所花的费用远比得病后再去治病的花费少得多一样。人类社会已经达成共识，要保证经济的健康发展，就必须在发展经济的同时搞好环境保护，两者必须齐头并进。

经济发展与环境保护的关系经历了从矛盾到协调的变化过程。在发展中国家的经济发展的初期，发展水平较低，自然生态系统破坏程度也较低。人们对经济发展水平给予更高的期望值，在经济发展和环境保护之间分配资源时，更倾向于牺牲后者来换取前者的更大进步。随着经济的起飞，自然生态系统遭到大规模的破坏，产生一系列的恶果，因此价值偏向开始倾斜于后者。当经济发

1 数据来源：王克敏．经济伦理与可持续发展．社会科学文献出版社，2000，p208

2 数据来源：中国科学院可持续发展研究组编著．1999中国可持续发展战略报告．北京：科学出版社，1999

展到较高水平时，人们进一步认识到环境改善能提高发展潜力，因而积极主动地致力于环境保护，环境状况得到改善。环境库兹涅茨曲线（图 4–01）正是表明了这样一种发展状况，随着地区经济的不断发展，地区环境状况经历了由好至坏，再由坏至好的过程。

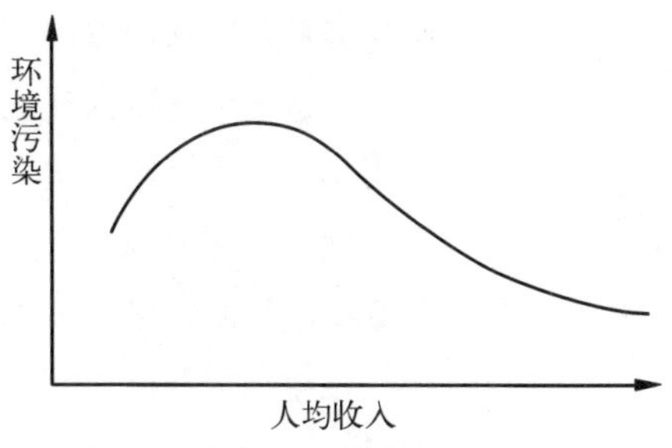

图4–01　库兹涅茨环境曲线

大工业技术凸显了环境保护和经济发展的矛盾，当发展观转变后，人类社会在寻求符合可持续发展思想的技术，适宜技术就是其中之一。

3. 节约型社会的建设

在我国改革开放、经济与社会发展进入一个新的阶段。人们已经认识到，资源是有限的，无论是在经济建设或城市建设中一定要重新考虑人与自然的关系，尊重自然生态规律。我们要本着和谐共生、健康安全、持续发展的宗旨，约束人类无度的行为，控制对资源的低效益消耗、浪费和过量的攫取，拓展新技术，鼓励创新，尽可能使用可再生资源和能源，在经济建设和城市建设中充分利用现代技术解决人类面临的危机。党中央提出要大力发展节能省地型住宅，全面推广节能技术，制定并强制执行节能、节材、节水标准，按照减量化、再利用、资源化的原则，搞好资源综合利用，实现经济社会的可持续发展。这是由我国资源现状和发展压力所决定的，是我们必须遵循的发展道路。目前，我国的城镇化发展正处在快速发展期。预计从现在到 2030 年，我国的城镇化速率平均每年将为 1 ~ 1.3 个百分点，这也就意味着每年约有 1200 ~ 1500 万人口从农村转移到城市，从现在开始一直到城镇化高峰将转移 5 亿人口。这一世界史上最大的人口迁移过程，不仅是生产力不断提高的过程，也是人均资源能源消耗量成倍增长的过程。这对我国的资源环境的承受能力无疑是一种巨大的挑战。城镇人口的大量增加随之也带来了能源需求的增加。据统计，每个城镇人口平均耗能水平比农村人口高 3 ~ 3.5 倍。同时，农村人口进入城镇以后，还要从事第二、第三产业，需要增加就业岗位，产业的发展又使得耗能和其他资源的消耗大大增加。2000 年诺贝尔经济学奖获得者、世界银行前副行长斯蒂格利茨曾宣称：21 世纪影响人类进程的两件大事，一是新技术革命；二是中国的城镇化。可见其成败得失，不仅影响中国，而且遍及全球。目前我国能源结构也不合理，以煤为主要燃料，天然气等优质能源和太阳能、地热、风能等清洁可再生能源在建筑中利用率还很低。目前我国每年城乡新建房屋建筑中 85% 以上为高能耗建筑，既有建筑中 95% 以上是高能耗建筑。我国单位建筑面积能耗是发达国家的二至三倍，对社会造成了沉重的能源负担和严重的环境污染，这已成为制约我国可持续发展的突出问题。同时建设中还存在土地资源利用率低、水污染严重、建筑耗材高等问题。我国现有的资源与环境状况已经面临紧张状况，按现有的发展方式维持不了多久，所以现实情况紧迫要求我们改变发展思路，进行技术创新。

近年来，我国每年约新建 20 亿平方米建筑，现有建筑绝大部分属于高耗能建筑。据欧洲建筑师协会测算，建筑在整个过程中的能耗占用了 50% 的全部能源。除此之外，建筑消耗了 50% 的水资源，40% 的原材料，并对 80% 的农地减少量负责。同时，50% 的空气污染、42% 的温室气体效应、50% 水污染、48% 的固体废物和 50% 的氟氯化物均来自于建筑。无论是能源、物质消耗，还是污染的产生，建筑都是问题的关键所在。我国建筑节能分为两个阶段实施。第一阶段的目标：从现在起到 2010 年，全面启动建筑节能和推广绿色建筑，平均节能率达到 50%。第二阶段的目标：从 2010 年起到 2020 年，进一步提高建筑节能标准，平均节能率要达到 65%，东部地区要达到更高的标准。如果能实现上述目标，2020 年，我国建筑能耗可减少 3.35 亿吨标准煤，这相当于 2002 年整个英国能耗的总量，这是个非常可观的数字，对人类社会的可持续发展也是一个巨大的贡献。建筑设计中的节能节地不仅仅关系到建筑的经济预算，它已经成为影响整个社会发展的关键因素之一。建设节约型社会落实到建筑领域，就是发展节约型建筑，这就需要进行建筑技术综合和创新[1]。

4. 适宜技术的经济—环境观

适宜技术观所强调的是技术的综合效益，环境效益和经济效益都是其中的重要指标，忽视环境效益而一味重视经济效益的做法无疑达不到很好的综合效益，而忽视经济效益的环保似乎也不具有现实性。在适宜技术观中，环境保护和经济发展的矛盾不是消失了，而是继续存在，因为一定地区的可支配资源的总量是有限的，对一方面的投入增加就带来另一方面投入的减少。当经济水平迈向新高时，对环境保护的投入也将有更高的要求。比如许多大城市本身已经具有了很高的开发密度，环境承载力暂时满足了这样的发展需要，如果要进一步发展，就需要为进一步提高环境的承载力而大力增加环境保护的投入。可见，环境保护和经济发展在资源需求上的矛盾没有消失，适宜技术观只是带来解决方式和价值观的改变，它所强调的是两者的平衡发展。在适宜技术观的指导下，制订发展目标时，需要对资源消耗以及废物产生情

1 数据来源：建设部网站相关文件，www.cin.gov.cn；www.cein.gov.cn

况进行监控，得出预测，根据预测结果的满意程度在环境目标与经济发展目标之间进行调整（图 4-02）。如图所示，科学技术水平在环境 - 经济预测中起到关键性的作用。

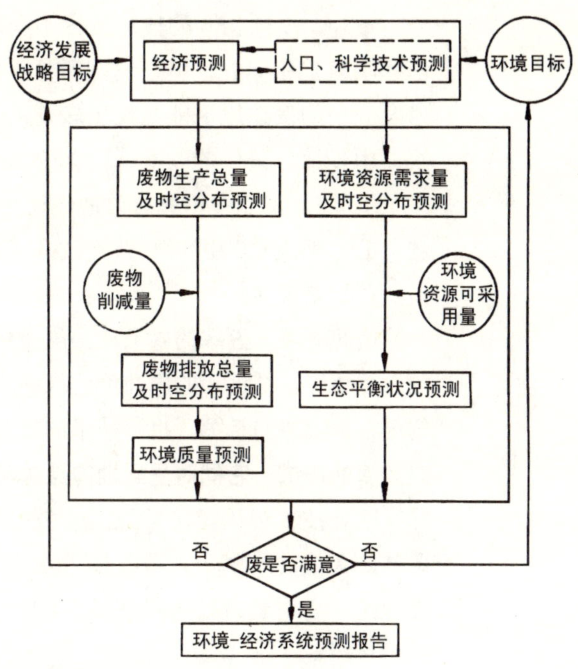

图4-02　环境-经济系统预测内容

平衡经济发展和环境保护不仅仅是个技术性而是观念性的问题，在发展中国家尤其如此。发展中国家在两者的投入问题上更难决断，若以现有评价体系来评判综合效益，近期利益可衡量，远期利益不可衡量，则可能使衡量结果更加倾向于近期的经济效益，即使从长远看有损于综合效益。对于具体情况，考察综合效益的时间维度难以确定。如果定得过长，那么可能导致技术难以解决目前的实际问题，比如，如果好高骛远的一味追随高新技术，虽然长远综合效益可佳，但是它和地区的经济环境和社会环境的脱钩又将导致实施的不可行，所以要针对具体对象确定适宜的时间维度。现实情况是，发展中国家面临比发达国家更紧迫的发展任务，所以其适宜技术评价的时间维度相对会较短，当经济获得较大发展，经济水平差距缩小时，它们将更多地考虑长远利益而增加环保投入，正如环境库兹涅茨曲线所示那样。对于特定地方，一个理性的适宜技术评价的时间维度应该要适合于此时此地。

第二节　面向地方经济的适宜技术

1. 技术的效率和效益

效率和效益都有相近的意思，就是用较小的消耗实现较大的功能。一般效率着重的是周期短和耗材少，如“低耗高能”、“轻质高强”等，效益着重的是投入产出比。两者的目的基本统一，但它们并不是在所有情况下都具有一致性。具有高效率的技术或许是成本很高的技术。比如尖端的生态技术，最大限度地减少了常规资源的消耗，却可能成本高得惊人而暂时不具有高效益；使用最坚固轻型的材料和最先进的搭建方法可以得到最最大的承载力和最大的使用空间，但是和常规结构比起来可能其效益尚有不如。

另外，一项相同的技术，在不同地区运用时，理论上的耗材和所应该实现的功能是相同的，但是它们所具有的现实效益却是不同的。先进技术在技术发源地的发达地区能显现出较佳的经济效果，当它被不发达地区引进的时候，由于社会条件的改变（比如管理水平低下，专业人才缺乏，配套产业跟不上等等），可能并不能有效地转化为生产力。但如果此项技术的采纳是不可避免的，那大量的进口必然导致其成本相对于当地的经济水平显得过高，经济效益相差很多。

由此看来，效率的衡量较为绝对化，它倾向于技术内在指标，偏向于技术的自然属性，与技术的内在价值取向相关；而效益具有相对性，它不仅与技术的内在价值取向相关，也与技术的社会价值取向相关。也就是说，**效益不放弃对效率的追求，它同时受到地方具体环境的约束。**

适宜技术观用经济效益而非效率来衡量技术，表明其对地方社会和经济条件的关注。本书中，适宜技术观本身就是运用一种区域的视角来考察地方性建筑，它对建筑技术经济效益的考察，不可避免要结合地方特定的社会和经济环境。

2. 私人成本和外部成本

经济效益的衡量一般是产出和投入比，即：功能／成本。市场通常是资源配置的有效机制，而市场的正常运作要求具备若干条件：1. 所有资源的产权清晰；2. 所有稀缺资源必须进入市场，其价格由供求决定；3. 完全竞争的环境；4. 人类行为没有明显的外部效应，公共产品数量不多；5. 短期行为、不确定性和不可逆决策不存在[1]。而事实上，市场并不是如此完善，许多资源根本无法用市场配置，这就导致了资源的不当使用，从而引发环境恶化和资源使用低效益。

潘那约托（Panayotou）曾经总结了市场失灵的多方面原因[2]。

他认为，资源产权的不明确是主要原因。在市场经济中，市场主体不愿意为不属于自己或者与他人共享的资源进行投资和管理。比如在河边的建设项目，建设方就不愿意投资治理可能产生的污染，因为河流是共享的资源，是公共物品，这一类的资源的市场还不存在，价格无法衡量，毫不奇怪，没有价格的资源会被浪费和滥用。对公共物品进行投资和管理的前提是所有公众能达成协议，

1 张帆.环境与自然经济学.上海：上海人民出版社，转引自西安建筑科技大学绿色建筑研究中心编著.绿色建筑.北京：中国计划出版社，1999，p39

2 张帆.环境与自然经济学.上海：上海人民出版社，参见西安建筑科技大学绿色建筑研究中心编著.绿色建筑.北京：中国计划出版社，1999，p39

公众的范围越大，交易费用也越大，达成协议的可能性也越小。

其次，外部效应也是导致市场失灵的原因。由于公共物品的存在，那么个别主体的行为将对外部环境产生影响，外部效应造成私人成本和社会成本的不一致。比如一个工厂的建立可能对周围住宅或农田产生影响，由于粉尘污染，农业生产成本提高，但工厂没有动力考虑这一成本，而这对周围农民和居民都是成本，这一部分成本就是工厂建设带来的外部成本。另外，对于环境资源来说，即使没有人力及物力的投入也会有机会成本的发生。环境资源的机会成本是由于环境资源用于该状态而不能用于其他状态而带来的福利最大的牺牲。比如三峡资源可以用来观赏旅游，也可以用来发电，为了发电需要筑坝，就改变了三峡原有的景观，所以发电的机会成本是牺牲原有的景观。这种机会成本也应纳入到外部成本的计算。种种外部效应导致市场无法合理配置资源。在现有市场机制下，成本多为私人成本，而缺少了外部成本的计算，这一部分成本被转嫁给他方或者公众，但对于整个社会来说，成本总量并没有减少。单个主体的私人成本低于社会成本，那么个体的经济效益和社会总经济效益就出现了偏差，原因就在于计算个体经济效益时没有计入外部成本。

在静态成本效益分析法中，效益可由某一资源的需求与供给曲线得出（如图 4-03 所示）。供给曲线以下面积为一定数量产品的总成本，需求曲线以下面积为一定数量产品的总效益，净效益是总效益超出总成本的部分，即需求曲线以下供给曲线以上的面积。可看出，当供给与需求达到平衡时（M 点），此时的净效益值最大（面积 ABM），资源配置也就达到了最有效。正是由于私人成本和社会成本的差值，才导致了私人净效益与社会净效益的差值。在环境污染场合，私人成本（曲线 B 以下面积）低于社会成本（曲线 B' 以下面积），社会最大净效益（面积 $AB'M'$）也小于私人最大净效益（面积 ABM）（图 4-04）。正因为如此，市场主体决策时只考虑私人成本，从而会生产过多的非绿色产品，这是导致环境恶化和资源滥用的经济原因。适宜技术观站在区域的角度，在考察技术完全成本价格时，必须以社会供给曲线和社会需求曲线为基准。

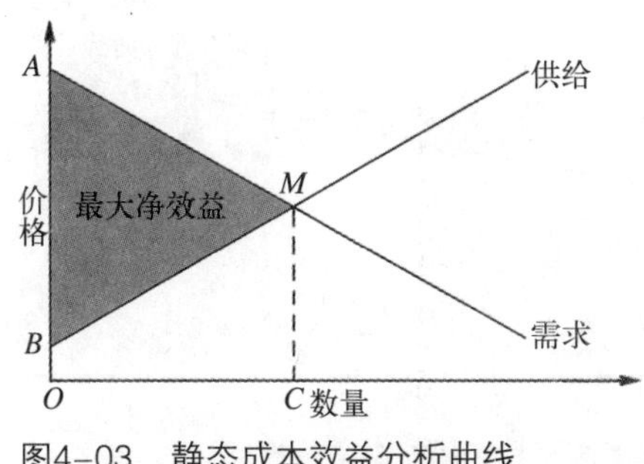

图4-03　静态成本效益分析曲线

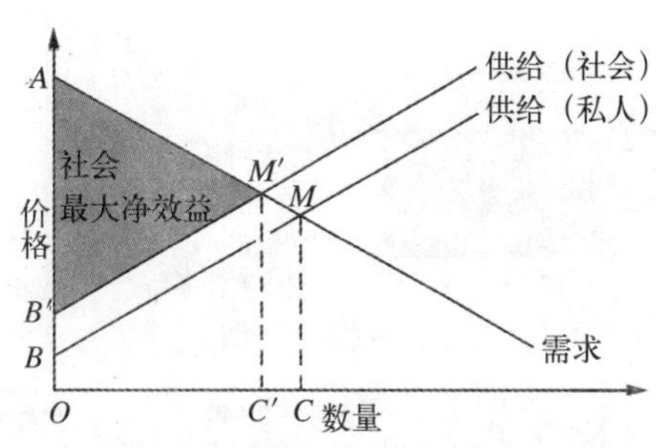

图4-04　私人净效益与社会净效益的差值

适宜技术观强调综合效益，所以外部成本和机会成本应当在计算范围之内。地方经济由许多的单个经济主体组成，每一个主体的经济增长都对地方经济产生贡献，但是从上述的分析可看出，总体经济增长小于单个主体经济增长之和，这是由于许多外部成本的转嫁和机会成本的缺失，而这些成本都是作为整体的地方经济的实际成本。可见，**适宜技术所面向的是作为整体的地方经济，它对某个项目的某项技术的经济考察，都是站在区域的角度上。建筑都是地方性的，都处于特定的地方环境中，建设项目对周围环境产生影响因而带来了外部成本。所以适宜技术观对地方性建筑的经济考察不仅关注技术运用所带来建筑本身的经济效益，也考虑技术运用对于地方环境所产生的影响。**

3．绿色技术和经济效益

适宜技术以可持续发展为战略目标，是一种平衡经济发展和环境保护的技术体系。在以市场机制配置资源的社会环境中，环境保护技术措施的可行性如何决定于它的经济效益。

前面已提到，如果企业要全部或部分承担外部成本时，它才有动力采用环保的绿色技术。按照成本组成分类，中国现有开发商大致可分为两种，一种只是建设者而不是使用者，它只承担生产成本，另一种既是建设者又是使用者，它承担生产成本和使用成本。对于前者，企业的投资是一次性的，环境保护的投资提高成本，企业将没有动力采用绿色技术，而如果企业要承担外部成本时，它将有可能选用产生较低外部成本的技术（图 4-05）。对于后者（图 4-06），企业的投资因为包含使用成本而逐年增加，如果采用绿色技术，技术本身的成本有所增加，但是由于能源节约等，使用成本逐年增幅小于原有技术，如图所示，绿色技术成本曲线（B'）将会在第 N 年和原有技术成本曲线（B）相交。也就是说，在第 N 年，绿色技术的经济效益开始显现。可见，这种技术的经济效益是较远期的，而企业往往重视较短期的利益，如果 N 值越小，使用绿色

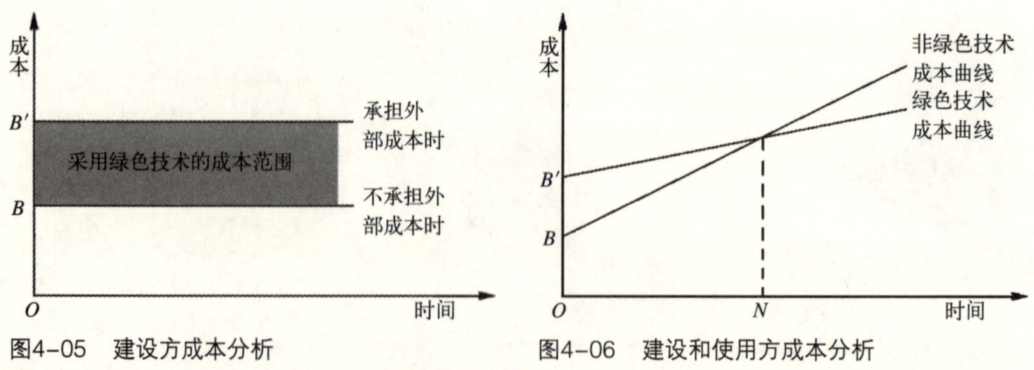

图4-05　建设方成本分析

图4-06　建设和使用方成本分析

技术的几率就越高，相反就动力不足了。如果企业要承担外部成本，那么也将更加促使它采纳绿色技术。

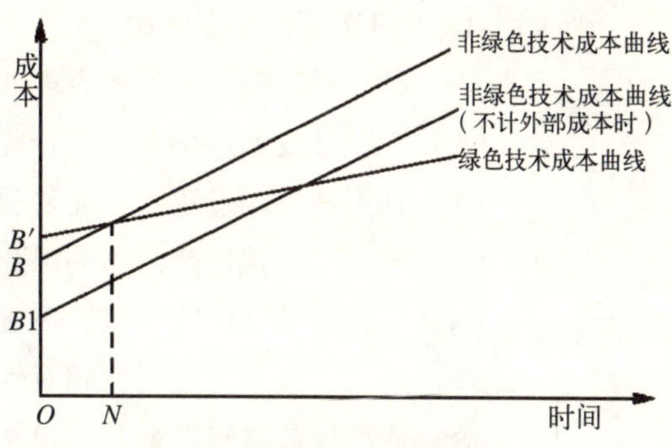

图4-07　建设项目社会总成本分析

以上是以企业为对象的分析，若是以整个社会为考察对象，那么对于整个社会来讲，建筑的生产成本、使用成本和外部成本都要计入，绿色技术的长期经济效益是显而易见的（图 4-07）。但这只是表明了在建筑中应用绿色技术的必要性，而应用的可能性来自于企业内部动力。要使企业具有这样的动力，就必须使企业承担或部分承担外部成本，这样，经济手段和制度约束都必不可少。

企业将如何确定环境保护投资的额度呢？从前面的分析可看出，只有当采纳绿色技术后的总投资小于原有技术投资与外部成本之和时，企业才有动力。首先设定：

生产成本为 *Cm*

使用成本为 *Cu*

外部成本为 *Ce*

假定应用绿色技术后技术本身生产成本增加值为 *Cm*+，使用成本减小值为 *Cu*-，外部成本减小值为 *Ce*-（因为绝对环保技术并不存在，所以 *Ce*- 不等于 Ce），企业采纳绿色技术的条件为：

$$Cm+ < Ce- + Cu- \qquad \text{公式 4-1}$$

公式的含义即为采纳绿色技术所增加的开支要小于它所能节省的开支。从式中可看出，*Cm*+ 值越小或者 *Ce*- ＋ *Cu*- 值越大时，应用绿色技术可行性越大。

Cm+ 值取决于绿色技术本身生产成本（*Cm*）的高低，成本越高，其相对于非绿色技术的生产成本增加值越高，所以要获得较小的 *Cm*+ 值，绿色技术的生产成本值 *Cm* 越小越好。*Ce*- ＋ *Cu*- 值一般取决于绿色技术的先进程度，两者亦成正比关系，技术水平越高，技术的使用成本和外部成本之和（*Cu*+*Ce*）越小，所能节省的使用成本和外部成本（*Ce*- ＋ *Cu*-）也越高。可见，要获得较大的 *Ce*- ＋ *Cu*- 值，技术越先进越好。但一般说来，绿色技术越先进，技术的生产成本（*Cm*）也越高，所以 *Cm*+ 值要减小与 *Ce*- ＋ *Cu*- 值要增大的要求产生了矛盾，两者对绿色技术的技术水平提出了相反的要求。

技术水平与技术生产成本（*Cm*）的关系如图 4-08 所示呈二次抛物线形。当绿色技术已经很先进，要再提高时所发生的生产成本（*Cm*）迅速递增。而当绿色技术越先进时，其使用成本和外部成本之和（*Cu*+*Ce*）越低。根据图

4-08 分析可得三点结论：

(1) 要使得技术具有合理的经济效益，绿色技术水平有一个合理的范围，并不是越先进越好，而是越接近 M 点越好，越接近此范围的绿色技术越具有适宜性。由此可见，适宜技术观中的绿色技术，是具有相对性的概念，从经济效益来考察，绿色技术并不是越“生态”越好。

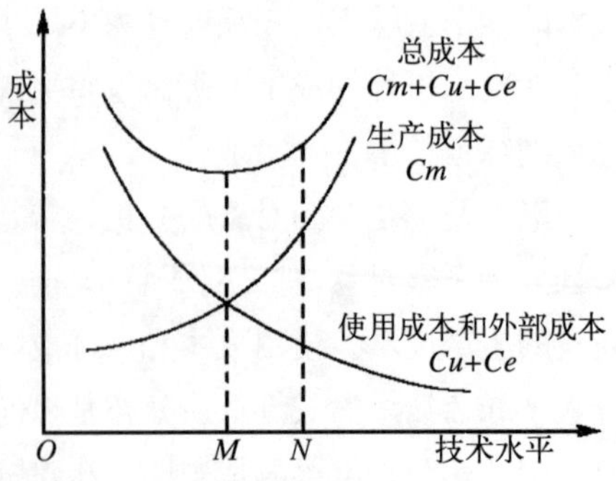

图4-08 绿色技术成本与技术水平关系图

(2) 绿色技术水平无论高于还是低于 M 点，都将导致综合成本的上升。技术水平高于 M 点导致浪费；技术水平低于 M 点时，宁可优先采用较先进的技术，因为技术生产成本（Cm）是一次性投资，而使用成本（Cu）是逐年增长，所以绿色技术越先进，节省开支的效果也越明显。

(3) 低于 M 点水平的绿色技术虽然经济效益不是最佳，但由于生产成本较小使得该种技术可能符合较落后地区的经济承受能力，若是引进绿色技术水平过高（如 N 点），可能导致很高的前期投入，超出地方经济承受力。

4．适宜技术的创新和地方经济

(1) *技术创新的规律*

技术创新按照一定的规律进行，适宜技术同样符合这样的规律，可以从时间和空间两个维度来考察。

首先从时间维度来看，任何一项技术都如同生物一样经历了一个从开始孕育到成熟最后至衰落的过程。其过程随时间呈“S”形曲线发展（图 4-09）：AB 段是开始期，是新技术思想萌发，新技术规范出现阶段；BC 段是加速期，新技术在较短时间内进入加速增长阶段；CD 段是转变期，技术增长变缓进入成熟阶段；DE 段是技术水平接近饱和的阶段，并由此孕育着技术的新飞跃和新发展，另一个循环继续展开。可见，CE 段是技术显现最佳经济价值的阶段，在此阶段新技术的研发是技术持续发展的关键。适宜技术的发展策略应当是适当延长 CE 时段，并尽量在 E 点保持高位时完成技术的交替。中国建筑屋顶防水技术经历了从沥青面层防水到卷材防水再

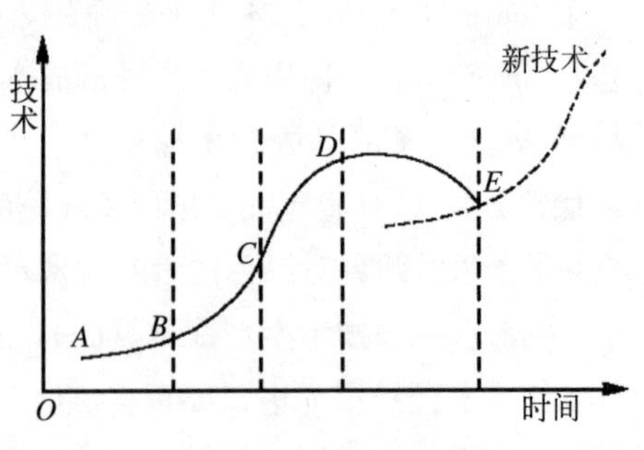

图4-09 技术发展的“S”形曲线

到刚性防水的发展阶段，然而到后阶段并不是弃前两种技术不用，相反，经过技术改造，它们性能大大完善，高分子沥青和高分子聚合物卷材的问世使得它们继续发挥作用，它们发挥经济效益的时间大大延长。

其次从空间维度来看，技术创新有梯度递进模式和跃升发展模式。梯度递进模式是指由于技术梯度的存在，技术总是从先进技术区域向落后区域传播。发展既然具备空间上的非均衡和地域差异，从本质上也就具备了广义的地理梯度。梯度的存在必然产生广义的力，力的作用必然产生广义的"流"，流的行为必然带来广义的传布性[1]。梯度递进是技术发展连续性和渐进性的表现，是技术传播的普遍方式。技术的跃升发展是指在较短时间内走完其他地区较长时间走过的技术发展道路，从而使该地区的技术提高到一个新高度。它是技术发展间断性和突变性的反映，通常是由于特殊事件如战争、殖民统治等所引起，是特殊的技术传播方式。它带来地方社会的巨大变动。如果一个地区为了走发展捷径而主观上对之过于追求，将出现技术发展背离社会与经济现实条件的"大跃进"现象，反而严重妨碍地方经济的发展。中国的历史实践已经证明这一点。

技术引进也是发展中国家和地区技术创新的来源之一。技术引进不仅是主动传布的结果，也有被动传布的要求。主动传布是由于发达地区的市场的驱动、利润的驱动、行政的驱动、人道的驱动；而被动传布则由于不发达地区追求高的生活质量，增加区域发言权，取得更加广泛的均衡，以及谋求更多的发展机会[2]。从传承关系来看，中国的现代建筑技术基本都是从西方引进。技术的引进无疑深刻影响到了中国建筑的发展方向。一方面带来了建筑业的蓬勃发展，另外一方面也把现代建筑本身的问题直接输入了中国。消除负面影响就是要做到真正消化吸收引进技术，并带动起本地的技术创新。比如利用传统技术和地方技术的某些原理充实现代建筑技术，或者用现代建筑技术来改造具有适宜价值的传统技术和地方技术。批判的地方主义主张用"间接"的元素来产生新的地方特色，那么地方气候、地方环境资源、地方经济模式等都可成为这样的"间接"元素。

引进的技术要符合地方的经济特点和技术格局。引进方急需的技术较容易被吸收。中国钢产量已经居世界前列，但是钢结构技术的应用却很少，建筑用钢只占钢产量的 20% 左右，而日本等发达国家为 45% ~ 55%[3]。可预见，引进的此类技术能很快吸收并具有市场潜力。已经引进的技术需要经过地方化的改

1 牛文元.持续发展导论.北京：科学出版社，1997，p24

2 牛文元.持续发展导论.北京：科学出版社，1997，p24–25

3 数据转引自：邓浩.区域整合的建筑技术观.东南大学博士学位论文，2002，p117

造，以适应地方的资源条件、产业结构和经济水平。比如地区的钢铁产品的性能和国外可能是有差距的，在运用外来技术时，就要充分考虑到这一情况而进行技术的调整。

对于发展中国家，无论是要充分利用引进技术的经济价值还是它对地区技术创新的促进作用，都有赖于引进技术与地方经济的整合。适宜技术的策略应当是以此为目的，注重技术选择和被选择技术与地方的融合。

(2) 地方经济与技术创新的关系

经济发展的需要是技术创新的目标和内在动力。施莫克勒在《技术进化》中认为，发明动机由市场需求拉力引起，而发明的过程则依靠技术知识推动，从动机先于过程的角度分析，他认为市场的经济需求对技术发明是第一位的重要因素[1]。西方工业革命以来，以玻璃、钢铁和大跨结构为标志的现代建筑技术在欧洲的蓬勃发展，其直接动力就是当时资本主义经济的快速发展对基础设施和新型建筑的巨大需求量和新要求。高层建筑结构技术与设备技术之所以在19世纪末的美国经济核心城市芝加哥产生，是由于高度发达的商业经济导致城市中心地带地价非常昂贵，高密度利用土地的方法就是建造高楼。而相同时期的中国，建筑技术还停留在自宋代《营造法式》定型以来的传统模式。实际上，在19世纪初中国的技术力量就已经很强大，从技术角度上已经作好了进入工业社会的一切准备，但是这并没有发生。李约瑟博士认为，正是由于中国社会缺少对技术创新的经济动力，从而影响了技术成果的社会化应用。他说："许多技术发明中国比欧洲早，有些甚至还要早得多——但它们的利用却比应该得到的更少，这是因为在一个官僚们决心要保护和稳定的农业社会里缺乏这种需要。换句话说，中国社会在把发明转化为'革新'方面往往并不成功。"[2]

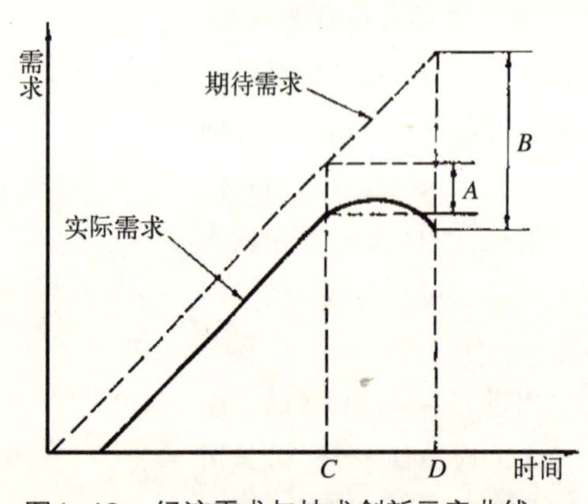

图4-10　经济需求与技术创新示意曲线

其次，经济需求会导致技术竞争，从而形成技术创新的内在驱动力。图4-10显示了经济需求与技术创新的的关系。从中可看出，经济需求有两种，一种是市场的实际需求，一种是企业的期待需求。根据经济周期发展规律，实际需求在一定阶段会停滞，在 *C* 点以后与期待

1　G.Basalla.The Evolution of Technology.Cambridge University Press，1988，p113-114，参见陈凡.技术社会化引论：一种对技术的社会学研究.北京：中国人民大学出版社，1995，p88

2　潘吉星主编.李约瑟文集.辽宁科学技术出版社，1986，p293

需求逐渐拉开差距，企业销量开始减少，这时企业会全力以赴致力于技术创新，以刺激市场需求的回升。如果实际需求一降再降，到了 *D* 点，差距大到企业已经不能通过技术创新盈利时，大量技术创新阶段终止。这一阶段也酝酿了新一轮的需求增长。可见，**不是市场需求本身而是期待需求与市场实际需求的差距直接诱发技术创新**。也就是说，当供大于求时，市场主体才有动力通过技术创新来压缩成本，其目的是创造新的经济需求。中国目前部分地区的房地产市场正处在期待需求与实际需求拉大差距的阶段。根据上述原理，差距保持得当将有利于住宅建筑技术的创新。此时的政策应当引导企业通过技术创新和降低成本来刺激市场消费，因为在这一阶段，一味的开发建设并不能有效拉动实际需求。

地方经济需求程度还影响到社会对技术的承受能力。社会对某项技术的承认和接受程度与经济需求密切相关，超出地方经济承受力的技术难以扎根。这也解释了为什么技术的"跃进"式发展往往欲速而不达。经济学家哥穆尔卡曾认为，生产率水平是技术水平的象征，所以引进他国的技术就会随之将该国的劳动生产率提高到同样的水平[1]。但事实证明，**技术引进不等于生产率水平的引进，超过地方经济承受力的技术引进不能转化为现实生产力。**

技术创新对地方经济的促进作用也是显而易见的。地方经济的增长有三种驱动力：资源驱动、资本驱动和技术驱动。其中技术驱动又优于前两者。经济学家索洛认为技术驱动的优势在于它实现了从"增长效应"到"水平效应"的跨越。所谓水平效应是指在不增加"要素投入"的状况下，技术创新本身可以通过改变生产函数来实现经济的增长[2]。可见，技术创新支持一种集约式经济增长模式，有利于推进地方经济的可持续发展。中国目前的经济增长方式还处在粗放型阶段。发达国家的经济增长的 60% ~ 90% 依赖技术创新，中国技术创新对经济增长的贡献率不到 30%[3]。中国的发展战略明确规定，在未来 15 年当中，经济增长方式应由粗放式向集约式转变。那种拼资源、拼消耗、铺摊子的生产方式，必须在技术创新的带动下才能真正转变到集约化经营的轨道上来。

(3) 适宜技术与地方经济的互动

适宜技术强调技术创新，技术创新促进了地方经济的可持续发展。建筑技术创新体现为在建筑活动中利用地方资源的效率的提高。物质资源的一个固有

1 伯明翰大学苏联与东欧研究中心编．苏联工业创新．科技文献出版社，1988，p575，参见陈凡．技术社会化引论：一种对技术的社会学研究．北京：中国人民大学出版社，1995，p44

2 参见中国科学院可持续发展研究组编著．2000中国可持续发展战略报告．北京：科学出版社，2000，p502

3 数据来源：中国科学院可持续发展研究组编著．2000中国可持续发展战略报告．北京：科学出版社，2000，p473

属性是它的“稀缺性”，资源的逐渐短缺是发展的瓶颈。美国物理研究所的埃德杰顿（Egerton R.H.）提出了“资源增效理论”。该理论认为，技术创新对经济的促进作用就在于它能克服资源的稀缺性，增加资源的可代替性，以满足经济增长中对于资源日益扩大的需求[1]。普遍意义上，地方环境中各类要素都具有广义的可用于建筑的势能。例如，储存于土壤和岩层中的热能，碳水化合物的化学键能，风所具有的动能，太阳光的电磁能等，都能为建筑所用（见图 3-26）。这些资源的开发利用能大大减少常规能源的消耗，增加资源的可替代性。我国具有丰富的可再生能源和资源，这些资源的可利用程度和利用率高低就依赖于建筑技术的创新。

为使技术创新和地方经济相结合，技术创新中普遍性的原理推论和特殊性的具体应用环节都不可或缺。许多技术的研发还停留在科研单位和高校，这些机构的研究课题往往没有和市场挂钩，导致成果难以转化为现实生产力。虽然中国目前对生态技术和节能技术的市场需求逐渐增大，但是一般技术成果都是由科研单位依靠理论推导和实验取得的技术模型。这些技术模型具有普遍性，但在实际运用中和地方自然资源、经济以及技术水平的结合却不成熟，勉强应用甚至会出现“生态建筑不生态，节能建筑不节能”的尴尬现象。比如某种常规的墙体保温技术可具有较大普遍性，但是有些当地的保温材料和构造做法在节能效果可能优于常规做法。在这种情况下，地方技术就比常规技术更符合地方经济需求。又比如利用水体蒸发原理可降低墙体温度，但是水温、地方气候、构造方式都影响到技术的可行性。如果由于水温过高或水泵耗能超出节能量，那么这种节能技术也就不具有地方适宜性。可见，一项技术在地方环境中充分发挥效用前，往往需要根据地方条件经历调适阶段。特殊性的具体应用是技术获得地方性的过程。

所以，**适宜技术提倡这样一种技术创新路线：根据地方的资源特点和经济需求致力于提高技术效率，使技术在社会化过程中获得地方性，从而真正转化为促进地方经济发展的生产力。**

适宜技术也强调地方经济环境的积极调适，以有利于技术的引进和创新。无论是技术的创新或引进，都需要适宜的环境条件。虽然地区梯度能产生广义的技术传布，但是具体的传布过程中，技术能否顺利引进以及引进后的效用如何，都受到地方经济环境的制约。20 世纪 50 年代时中国和日本的经济水平基本相当，但是日本经济体制和社会环境等方面的优势使得他们的技术引进效率明显优于中国，所以经济发展速度也快许多。

1　参见中国科学院可持续发展研究组编著.2000中国可持续发展战略报告.北京：科学出版社，2000，p504-505

中国正在进行这样的社会调适以有利于技术的进步。首先是经济体制的改革。从计划经济体制向市场经济体制的过渡将有利于技术的引进和创新。其次是管理方法和制度的调整。各地区正在实施的各种质量认证体系就是调整措施之一。苏州率先通过ISO900质量体系认证而优先得到发展机会。苏州的实践证明，积极调整地方经济环境，完善管理措施有利于技术的引进，进而有利于地方经济的发展。混凝土技术从国外传入时，由于中国具有劳动力资源优势，这种劳动密集型技术很容易被接纳和普及，直至今日依然是主流结构技术。而发达国家正好相反。钢结构技术较普及，混凝土技术由于施工周期长而成为少数派。不加装饰面的素混凝土甚至成为豪华昂贵的象征，只出现在个别的美术馆或者某个口味特别的富豪别墅。这说明，混凝土技术在传入中国时，已经和地方的资源特点结合而具有了地方性的特征。目前，在中国由于有较高钢产量而有利于引进钢结构技术的时候，又遇到了由混凝土技术的普及所带来的阻力。这就需要反过来调整行业内的政策，鼓励用钢，宣传钢结构体系的优势，以便于钢结构技术的引进和本土化。

总之，**适宜技术强调技术与地方经济的良性互动。一方面，重视面向地方资源特点和经济需求的技术创新；另一方面，也重视经济环境的调适。**

第三节　适宜技术的经济策略

1．提高经济效益的途径

(1) 适宜技术观中的经济效益

前面已经提到，与以往技术观不同的是，适宜技术观建立在可持续发展思想基础之上，它不仅关注技术运用对于建筑本身的经济效益，也关注技术运用对环境所带来的影响。它面向的是作为整体的地方经济。以区域的角度来讨论经济效益的时候，环境问题不能撇开，因为环境保护是长远的经济效益的保障。经济效益的衡量一般是产出和投入比，建筑的产出就是功能的实现，可得公式：经济效益＝功能／成本。一般狭义的经济效益中，成本为私人成本，而广义的经济效益中，成本为社会成本或综合成本，即私人成本与外部成本之和，那么公式成为：

$$V=F/(Cp+Ce) \qquad \text{公式 4-2}$$

V：经济效益

F：功能

Cp：私人成本

Ce：外部成本

首先看私人成本(Cp)。任何一件产品包括建筑都有从开发设计、制造生产、用户使用至结束使用的整个时期，这称为产品的寿命周期，从时间角度看具体包括设计、生产、使用三个阶段。产品在整个寿命周期中所发生的全部费用称为产品寿命周期成本，即私人成本，它包括生产成本（Cm）和使用成本（Cu）两部分。对于建筑来说，生产成本是发生在建筑企业内部的成本，包括从设计到施工结束过程中的费用。使用成本是用户在使用过程中支付的各种费用总和，它包括了耗能、维修、管理等费用。建筑生产使用牵涉到很多企业，投资方和施工方关注生产成本，而使用方关注使用成本。使用成本由于支出分散，容易被人们忽视，但它往往比生产成本高好多倍。对于全社会来说，整个建筑的寿命周期成本包括了生产成本和使用成本。因此又可得到公式：

$$V = F / (Cm + Cu + Ce) \qquad \text{公式 4-3}$$

V：经济效益

F：功能

Cm：生产成本

Cu：使用成本

Ce：外部成本

功能是用户所需要的效用，以及与实现用户所要求功能有关的功能。建筑是特殊的产品，它是人们生活工作的空间和场所，它的功能应当包括物质和精神两方面。物质的功能可以定量衡量，如房间数目面积、温度湿度、光线照度等等。某一项建筑技术所实现的功能也可衡量，比如保温墙体的隔热指标、通风系统所实现的每小时通风次数等。精神的功能可以定性或者定性辅以定量来衡量。另外，功能的可靠性也是衡量功能的重要指标，即建筑在使用过程中不发生故障，或一旦发生故障也易于修理和排除，使用过程中具有安全性和可操作性。如果以次充好，粗制滥造牟取高额利润，表面上可以提高生产者的经济效益，但对于使用者或整个社会来说，由于功能的大打折扣和使用成本的增加，总的经济效益被降低。这也不利于企业的发展，因为损害用户利益的产品最终会被用户所抛弃，图一时的高额利润只会失去企业未来的市场和用户，因此在衡量综合经济效益时，企业的价值观与用户的价值观应当是一致的。

(2) 提高经济效益的途径

根据公式 4-3，可得出提高经济效益的几种途径：

①**在提高技术功能的同时，降低技术综合成本**，这是最理想的提高经济效益方法。生产成本、使用成本或外部成本的减少都是降低技术综合成本的有效途径。

②**技术功能较大提高的同时，技术综合成本略有增加**，这也是较普遍的提

高效益方式。

③提高技术功能，而成本基本保持不变。

④技术功能基本保持不变，而技术综合成本降低。这就需要合理运用技术，科学设计和规划，从而充分实现现有技术的功能。比如充分运用地方材料或者采纳具有环保效应的地方技术，其外部成本和生产成本都可降低。

⑤技术功能稍有降低，但综合成本大大下降。由于技术梯度的存在，建筑技术在向不发达地区的传播过程中与地方经济相结合，很可能产生这种结果。中国在吸收国外先进技术的过程中所产生的替代技术就是典型例子。

前三种是走技术创新的路线。人类对自然规律的进一步认识导致了技术本身效率的提高，这是技术自然属性进一步完善的表现。后两种提高经济效益的途径都以相对低成本为特色，包含了一定的“低技”策略，这是不发达地区为解决现实问题所必然采取的策略之一，它们也能有效地提高建筑的综合经济效益，在发展中国家具有现实意义。此外，使用绿色技术降低外部成本，可能导致生产成本的提高，但也能导致使用成本的降低，所以绿色技术的短期经济效益可能不佳，但它是符合可持续发展思想的技术体系，具有长远意义。

2．促进建筑技术创新

建筑技术的进步是提高功能和降低成本的基本保障，技术自身的优化发展正是朝着这一方向展开。**适宜技术观中的技术创新应该是技术自然属性与社会属性同步完善的过程。换言之，技术创新应该在扎根于地方环境的基础上致力于提高技术的效率，以达到最佳的综合经济效益。**

(1) 以加快产业化提高效率

技术自然属性的完善体现于技术效率性的提高。在寻求最大经济效益时，少费多用、低耗高能便成为技术内在价值追求的目标。技术理性是经济理性在技术领域的化身，技术内在价值的最大化投射在社会经济生活领域便是社会经济的集约化。工业化与标准化是集约化经营的主要策略。工业化实现了社会化大生产方式，它的主要特征之一就是标准化，通过对目标产品的统一化和定型化实现生产的规模化和重复性，从而获得生产的高效率。建筑的工业化与标准化是现代建筑的主要成就之一。现代建筑先驱格罗皮乌斯就主张用工业化方法供应住房需求，因为重复使用相同的部件能进行大规模生产，从而降低造价。勒·柯布西耶在《走向新建筑》一书中也呼吁：“建筑的首要任务是促进降低造价，减少房屋的组成构件……在大规模生产的基础上制造房屋的构件。”[1]工

1　转引自外国近现代建筑史编写小组.外国近现代建筑史.中国建筑工业出版社，1982，p70

业化的建筑技术确实获得了很好的经济效益，它使得建设能力提高，建设周期缩短，人工成本大大降低。有资料显示，日本建筑现场用工量在工业化之前为20～30人·小时/平方米，工业化之后下降到5～8人·小时/平方米(1975年)[1]。工业化使得建筑业空前发展，这也是促进建筑全球化的重要因素之一。在计算机技术与建筑技术结合以来，建筑工业化又有了新的内容。通过对计算机程序参数的设置，能切割出任意形状的构件，使得建筑设计和施工突破标准化的框框而同时不失效率性。皮阿诺在日本设计关西国际机场时，对此更是深有体会。

从公式4-2中可看出，由于功能的提高和生产成本的大大降低，工业化的建筑技术在效率性方面的优势是显而易见的。虽然现代建筑的技术理性受到广泛批判，但它对于技术创新却是关键性因素，因为效率的提高就是技术理性化发展的结果。相比发达国家，中国建筑技术工业化程度较低，潜力还巨大。所以，**在技术理性原则的指导下，中国建筑技术的进一步工业化依然是技术创新的主要内容，也是提高经济效益的主要手段之一。**

(2) *以技术综合提高效率*

进一步产业化是提高我国建筑技术效率的总体策略，从局部来看，具体应用中的建筑技术可以针对其功能和成本作进一步改进。正如前一节所述，当功能的提高幅度大于其成本的提高幅度时，经济效益得到提高。也就是说，建筑技术效率的提高在于性价比的提高。每一项建筑技术针对其特定的功能都有提高效率的余地，比如保温墙体热工指标的改善或者通风系统换气质量的提高等等。

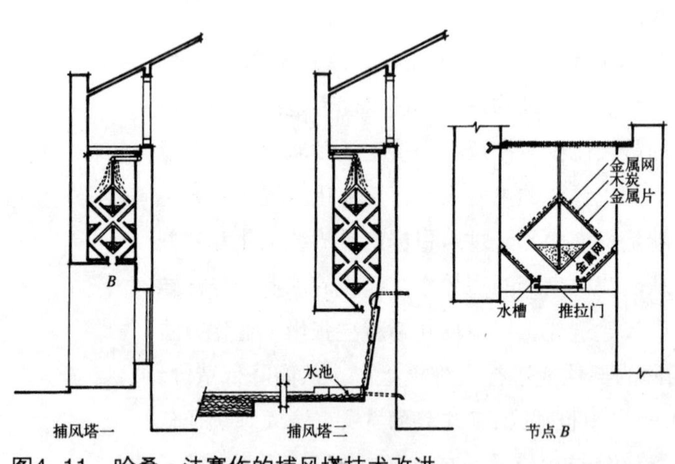

图4-11 哈桑·法赛作的捕风塔技术改进

埃及建筑师哈桑·法赛在工程实践中，将地方传统的捕风塔进行技术改进，在捕风塔内设计了一种空气加湿冷却的简易装置。这样，在费用增加很少的基础上大大提高了换气质量，增加了室内热环境的舒适度（图4-11）。此项技术创新就是一个简单但有效的**技术综合**，它将蒸发降温原理结合到捕风塔技术中，

1 数据来源：姚国华、张文华.国外建筑工业仍在继续发展.中国期刊网：www.cnki.com，转引自邓浩.区域整合的建筑技术观.东南大学博士学位论文，2002，p104

获得了功能的改进。这种思路对于提高建筑技术的效率是行之有效的。

PV板双层墙是被动利用太阳能的节能构造，它也是以技术综合进行创新的例证。它将构造技术、新材料技术与空气热动力学原理结合来解决建筑保温隔热问题。夏季，PV板与外墙之间形成空腔，阳光透过PV板加热腔中空气，热空气上升带动对流，对外墙有降温作用；冬季将腔内阀门关闭，引导热空气进入室内北面，达到采暖效果（图4-12）。这是一项间接利用太阳能的技术措施，仅通过一个阀门的开闭就可以转换不同季节工作模式。可以说，它用比较简单的构造方案同时解决了冬夏两季突出的保温和隔热问题，大大提高了技术效率。

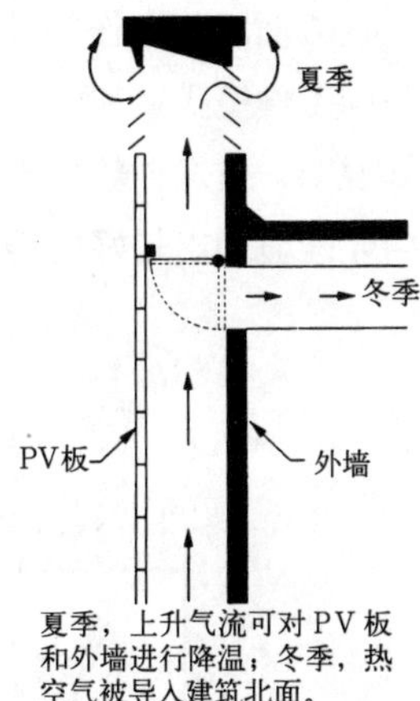

夏季，上升气流可对PV板和外墙进行降温；冬季，热空气被导入建筑北面。

图4-12　PV板双层墙

(3) 扎根地方环境

与地方气候结合的建筑技术由于利用可再生能源而达到了节能的效果，所以在获得较好环境效益的同时也具有明显的经济效益（见第三章）。这样的建筑技术不仅协调于地方自然环境，也扎根于地方经济环境，因为它符合“少费多用、低耗高能”的原则。

技术社会属性的完善体现于技术与地方的融合。技术创新与地方环境的许多方面都有密切关联，除经济环境以外，社会体制、组织结构、观念以及教育水平等都可起到作用。只有回应地方条件的新技术才能获得良好的社会属性，这样的技术创新才具有应用价值和现实意义。所以社会属性是钳制技术理性的因素，它避免由于技术理性单一地发挥作用而导致纯粹功利主义现象。实验室或研究所中产生的技术创新就有可能不具备良好的社会相容性。据了解，在1991年辽宁、上海等十省市新技术成果交易会上共有1000多项新技术入展，但结果却有600多项无人问津[1]。这表明由于许多技术创新缺乏针对性而脱离地方现实条件。

我国20世纪80年代的住宅设计中，举国上下都套用几种户型平面。有些南方地区也不顾地方情况而采用窄面宽大进深的房屋格局，由于通风的不畅，用于空调的能耗可想而知是大大增加了。又比如，当建筑节能的要求明确提出后，各地区都开始采用保温隔热材料，但是在构造方式上南方北方区别不大，只是把保温层纳入到构造层而已。而实际上，为了达到充分利用保温隔热层的热工性能，在冷季和热季或一天中不同时段的工作模式是不一样的。有些国家

1　数据来源：陈凡．技术社会化引论：一种对技术的社会学研究．北京：中国人民大学出版社，1995，p28

在这方面的研究作的较深入细致。图 4-13 说明的是蓄水屋顶在不同情况下有不同工作模式。其中夏季模式适应于炎热地区，冬季模式适应于寒冷地区。这就说明，**技术创新在不同地方条件中有不同的要求，它只有在解决地方性问题中才能显现出较好的经济效益。**

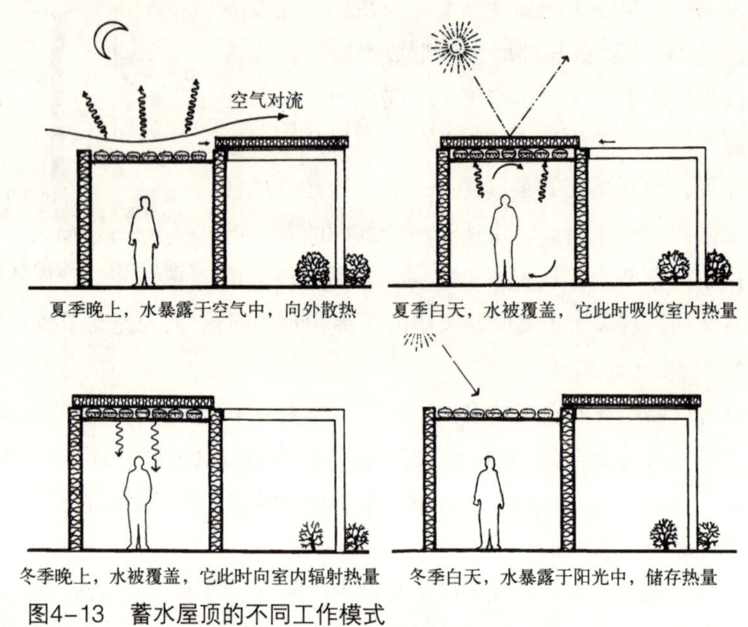

夏季晚上，水暴露于空气中，向外散热　夏季白天，水被覆盖，它此时吸收室内热量

冬季晚上，水被覆盖，它此时向室内辐射热量　冬季白天，水暴露于阳光中，储存热量

图4-13　蓄水屋顶的不同工作模式

建筑技术的工业化进程也与地方条件息息相关，中国的建筑工业化与西方国家有很大不同。西方的建筑工业化是克服劳动力不足节约生产成本的有效途径。而对于劳动力资源过剩的中国，建筑工业化节约成本的作用并不很显著。由于劳动力价格低，中国建筑业基本还是采用以手工操作为主要特征的劳动密集型产业模式，技术创新迟缓，施工合格率一般只有 60% 左右，优良率不到 5%[1]。一方面这制约了建筑技术工业化的发展，但另一方面也缓和了中国农村大量剩余劳动力的问题。这种现实情况决定了中国在现阶段长时期内，建筑技术在局部地区依然会以劳动密集型为主要特征。在这种矛盾制约之下，中国建筑技术的发展将呈现多层次化的格局，发达地区的建筑技术要向技术密集型转化，而欠发达地区则根据现实条件采用劳动密集型技术。适宜技术观主张技术须与地方条件相适应以完善其社会属性，所以多层次的技术格局也是必然结果。事实情况也是如此，江、浙、沪、粤等地区的建筑技术科技含量较高，这些地区也成为引进和吸收国外先进建筑技术的窗口。

1　数据来源：沈采文、张文华.中国建筑工业化发展的历史回顾和现状估计.期刊网资料

(4) 引进促进创新

引进技术是获得技术创新的另一种途径。

技术引进不仅仅是具体技术措施的引进，更重要的是对技术概念的借鉴。有些传统技术具有科学内涵，其概念也可被发达地区所借鉴和运用。湿热地区（如我国广东地区）普遍有一种通风坡屋顶，利用热空气上升的特性加强夹层空气对流。国外以此为原型，通过技术改进，发展出了一种适合于冬冷夏热地区的热压通风坡屋顶。它也是一种中空型结构，南向坡顶设透明材料。夏季夹层空气被加热，加速了对流，冬季夹层热空气被导入室内（图 4-14）。对比这两种技术，基本原理相似，但后者适宜范围更广、效率更高。捕风塔技术是干热地区普遍采用的一种传统技术，它使得建筑通风系统可以不受建筑朝向影响。西方国家以此为启示发展出了一种 Y 型梁通风窗，可以捕捉来自不同方向的风，以解决大空间内部的通风问题。它本身也成为一种独特的建筑造型语言（图 4-15）。

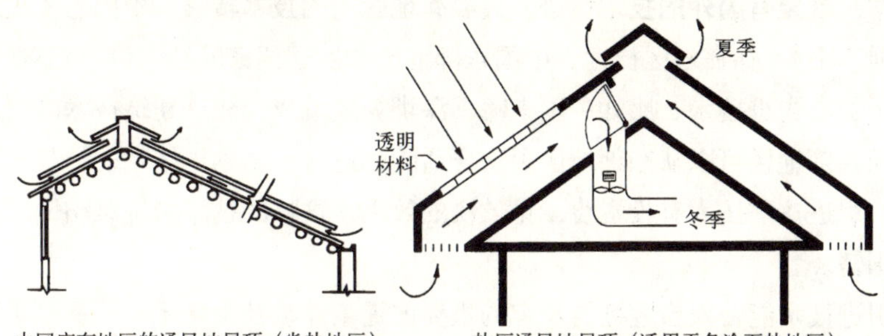

中国广东地区的通风坡屋顶（炎热地区）　热压通风坡屋顶（适用于冬冷夏热地区）

图4-14　热压通风坡屋顶的技术原型

相对不发达地区引进较先进的技术时，往往更需要一个对技术的消化过程，即通过对基本原理的理解，将外来技术在地方生成，使其更具适宜性。在引这种情况下，技术的效率性并不是惟一考察标准，技术的可吸收程度也决定了技术选择的方向。只有可吸收的技术才能在特定地方环境中获得自然属性与社会属性的协调发展，成为适宜的技术。引进的的技术需要经历社会化过程而与地

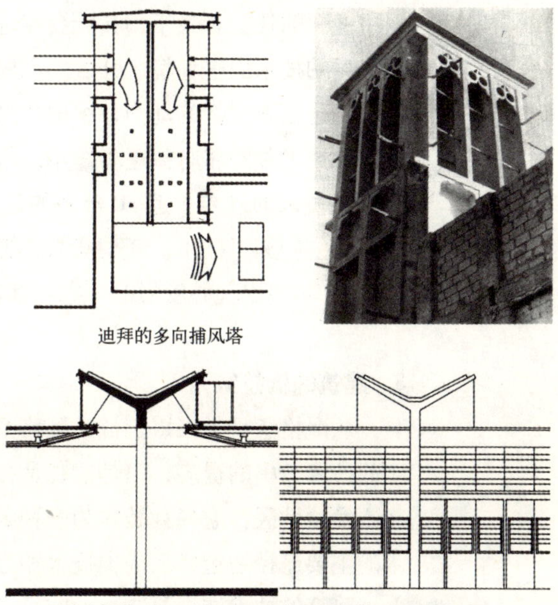

迪拜的多向捕风塔

嘎那库穆斯（KUmusi,Ghana）理工大学 Y 型梁通风窗

图4-15　Y型梁通风窗的技术原型

方环境相结合，只有与社会相容的技术才能在实践中有效发挥作用。

引进技术的社会相容性如何，往往和技术输出方与技术引进方之间的技术位差有很大关联。技术水平以及技术的经济成本差距是产生技术位差的原因。如果技术位差很小，那它们之间就没有技术转移的必要性；如果双方技术位差过大，则会造成引进方难以消化吸收技术的局面，这样的技术引进来了也固定不了。发达国家的一些先进建筑技术难以被中国引进吸收，也是基于这样的原因。比如节能效果明显的双重立面技术在发达国家应用很普遍，是一种成熟技术，但中国尝试运用的例子寥寥无几。这不仅是因为技术水平有较大差距，也是因为其经济成本对于中国大部分地区相对过高而缺乏应用的动力。所以**中国的建筑技术引进来源应该是多层次多方向的格局，既要有先进技术，又要有一般技术；既要有国外的技术引进，又要有地区间的技术转移。**中国总体技术水平发展不平衡，存在地区梯度。中国东部地区和发达国家的技术位差相对较小，有利于引进先进技术。比如中国上海、深圳等地就成为先进建筑技术的引进基地。而西部地区可以从东部地区引进合适的先进技术，本土技术的社会相容性较强，引进这些技术有投资少、见效快的效果。这样的技术引进策略比较符合中国国情。

引进技术能否被当地社会相容的重要前提条件是社会环境必须有利于技术引进。日本学者斋藤优教授曾指出，社会制度、价值体系和技术转移是密切相关的。中国近代在引进西方先进技术方面的失败也证明，技术引进在近代中国封闭保守的社会背景下，其社会相容性是相当有限的，一个开放的社会才能具备优越的技术引进环境。开放的中国具有更好的技术引进社会环境。经济需求的增长是技术创新的动力，中国如果能维持目前较快的发展速度，和发达国家的整体技术位差将有望逐步缩小。这将越来越有利于引进国外先进技术从而带动建筑技术的进步。近 20 年来的建筑技术创新也充分说明了这一点。高层和超高层结构施工技术、新型高强建筑材料、钢结构和大型结构整体安装技术都是这 20 年内出现并发展的，它们都是国外先进建筑技术在中国本土化的结果。

3. 建筑的低技策略

从严格意义上来讲，低技策略不是技术创新的有效方法，因为它不存在真正的技术效率的提高，但是它却是在有限条件下提高经济效益的方法。特别是在不发达地区，它尚且是作为一种必要的技术策略而长期存在。在中国，低技术的主要途径是选择低成本技术和劳动密集型技术。

建筑的技术选择要符合地方经济的承受力。中国生产力发展极不平衡，东西部差距和城乡差距相当明显。根据 2000 年中科院定量化研究结果表明，各省、市、自治区经济发展水平指数最多差5倍之多[1]，这还不计城乡差距。可以说在经济特区和中心城市已跨入现代化社会，农村和落后地区还停留在农业社会，正所谓“卫星与牛拉犁同在，摩天楼与茅草屋共存”。经济不发达地区有限的经济承受力制约了高成本技术的应用，低技术由此而作为适宜技术在地方发挥重要作用。事实上，中国大量的建设项目都包含低技术特征，它在低起点条件下帮助社会解决了大量的房屋需求。

中国劳动力的现实情况也决定了建筑技术的水平。庞大的人口和农村剩余劳动力问题是中国面临的主要难题，农业人口占70%，随着农业劳动生产率和资本有机构成的提高，农业劳动力数量呈下降趋势。国家统计局的预测表明，近年每年需要转移的农村剩余劳动力约为800万以上[2]，这是一个亟待解决的问题。建筑业事实上已经成为吸纳农村剩余劳动力的主要行业之一，劳动密集型的生产方式将长期存在。**廉价劳动力带来的低成本使得技术优化动力不足，这一方面制约了建筑技术的工业化，但另一方面也吸纳了大量的剩余劳动力，解决了很大的社会问题**。舒马赫也曾针对发展中国家说过：“现代化部门不能吸收整个经济，如果不特别努力发展非现代化部门，它就会不断瓦解。”[3]

低技术提高经济效益的基本原理是成本降低幅度大于功能损失幅度（参见公式4–3），这就需要充分利用地方技术，以较少的投入来换取较大的回报。史缔夫 · 巴尔(Steve Baer)在新墨西哥设计的戴维斯住宅中，学习地方采用石床集热，取得了良好效果。当地卵石比热较高且热延迟性好，将之置于建筑下方，它通过旁边的小型温室得热（图4–16）。这样，小型温室、石床、房间组成了一个热循环系统，它与常规采暖系统有着相似的构成，都由热源、热交换器、用户端和热媒组成，所不同的是，常规采暖体系需要投入大得多的成本和消耗更多的常规能源（图4–17）。可见，

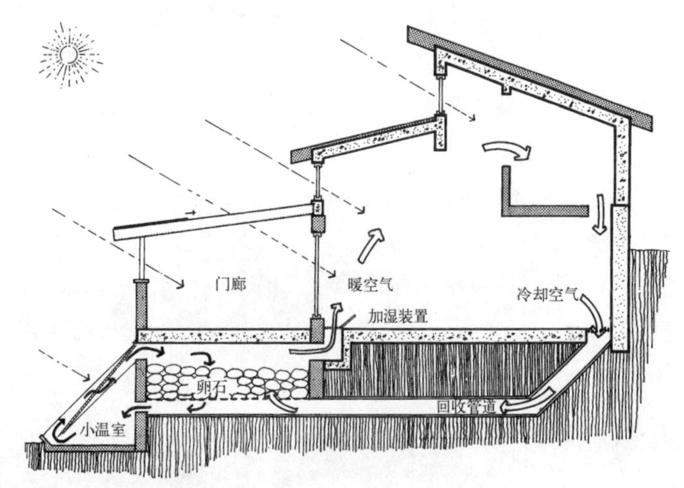

图4–16　戴维斯住宅的热循环系统

1　经济发展水平指数以上海最高，西藏最低，分别为74.92和12.19，全国平均指数为35左右。数据来源：中国科学院可持续发展研究组编著.2000中国可持续发展战略报告.北京：科学出版社，2000，p306

2　数据来源：王晓艳.农村剩余劳动力转移的技术选择.乡镇经济研究，1998/5，p11

3　[英]E.F.舒马赫.小的是美好的.虞鸿钧等译，北京：商务印书馆，1984，p128

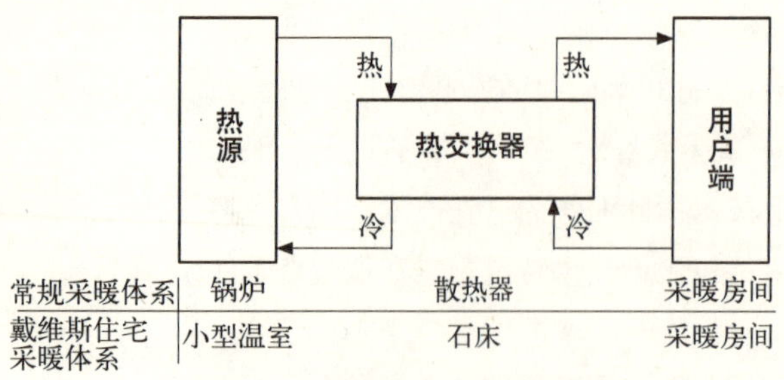

图4-17　戴维斯住宅采暖体系与常规采暖体系之比较

戴维斯住宅的采暖体系在取得较好经济效益的同时，具有典型的低技术特征，这是一种值得借鉴的思路。

有一种误解，把低技术与低品质划等号。我国许多建筑的品质不如人意，很多人将之归咎于低造价和低技术。其实，建筑的品质包含多方面因素。如果建筑能恰如其分地解决“此时此地”的问题，哪怕没有华丽的外表，它也是具有高品质的现代建筑。**低技术路线不应被视为是与现代性的背道而驰，而恰恰相反，它是现代性的必要补充**。世界上大部分人都生活在第三世界，许多的房屋建设都要求采用低造价技术。当代很多有责任心的建筑师都致力于低造价房屋设计，而且许多作品都被认为是杰作。印度建筑师查理斯 · 柯里亚的作品中，那些知名的公共建筑固然是精品，但是那些更多的面向普通民众的低造价房屋更能显现出他的社会责任心。他在低造价房屋设计中通过回应地方气候和精心雕琢空间来营造舒适的人居环境，建筑具有浓厚的人情味。印度建筑师 Bimal Hasmukh C.Patel 设计的印度企业家发展研究所也是一低造价建筑，主要建筑材料为当地红砖，成本低廉,但建筑既节能又精致。设计者根据地方气候特征娴熟地组织阴影空间，“开敞空间、封闭空间和过渡空间的不同组合为建筑提供了光和阴影，并创造了一种适合于工作、交流和休息的宜人氛围。”[1]该建筑虽然成本低廉，但是对气候的回应、对印度伊斯兰风格的创新和空间的精心组织铸就了它不凡的品质（图 4-18）。

印度天文天体物理学大学教工住宅（柯里亚作品）

Belapur 低收入者集合住宅（柯里亚作品）

印度企业家发展协会

图4-18　具有优秀品质的低造价建筑

1　该建筑获得了1992年阿嘉汗建筑奖（Aga Khan Award），此引文是该奖项评委会对建筑的评价，引自：Edited by James Steele. Archicture for a Changing World.Great Britain：Academy Editions，p191

图4-19　西藏阿里苹果小学

中国要建设节约型社会，建筑领域的节约尤其重要。我国不发达地区的建筑实践活动中，如何在降低造价的同时追求建筑品质是中国当代建筑的重大课题，有一些建筑师正在积极应对并做出了有益尝试。西藏阿里的苹果小学地处高原，主要建筑材料有当地随处可见的卵石。将卵石砌筑墙体，具有很好的热工与挡风作用，建筑与环境也浑然一体。充分利用地方材料有效控制了成本，这是西部建筑降低造价的有效策略（图 4-19）。西安富平陶艺村的建筑也是就地取材的例子，建筑用砖瓦来砌筑。善于思考的建筑师没有被材料所约束，而是充分发挥想象挖掘了这些传统材料的表现力，让低技建筑也呈现出了丰富的人文情境。陶艺博物馆采用传统的窑洞砖拱结构技术，一组跨度高度不同的砖拱券组合使得整个建筑如同横卧的陶器，内部空间流动而富有诗意。周边的一些建筑也将砖、瓦等传统材料创造性地运用，形成了既具浓郁乡土特色又有新意的建筑立面（图 4-20）。

图4-20　西安富平陶艺村博物馆（左）和周边建筑（右）

宁波鄞州公园的一组小品建筑也是低技建筑的代表，建筑师致力于挖掘传统材料特殊的表现力，砖、瓦、石和土坯在和钢筋混凝土、钢等当代材料的搭配中打破常规，大胆组合，展示了传统材料善于表现肌理效果的特点，同时又由于新老材料的对比而产生了戏剧性的效果（图 4-21）。这些建筑虽然采用了低技术，但是它们在人文品质方面丰富了中国当代建筑的内涵，这正是适宜技

图4-21　宁波鄞州公园小品建筑

术低技术策略所提倡的价值取向。

4．完善经济环境的建设

适宜技术观经济策略的目标是实现技术与地方经济的良性互动，它不仅重视技术的调适，也重视经济环境的调适。经济环境的调适主要包括经济体制、法规制度、政策制订等软环境的完善。

(1) 完善经济体制

建立成熟完善的建筑市场机制是促进建筑技术创新的先决条件。中国目前大多数建筑技术的研发或引进都是政府行为，目前已经不能满足建筑业发展的需要。首先，它不能对地方经济需求作出灵敏的调节，有些甚至严重脱离地方经济现实条件。政府不是市场的主体，它不是技术创新的风险承担者和获利者，不可能完全从市场供需的角度进行决策。其次，这将给技术成果的推广带来困难，因为技术成果的产权不明晰。改制前的建筑勘察设计院也不是严格意义上的市场主体，因为它们没有参与到技术研发的全过程中去。在完善的市场机制中，规范的工程竞标能起到鼓励技术创新的作用。行政干预、暗箱操作或地方保护都将削弱技术创新的积极性，这也是中国建筑业技术含量低的原因之一。

建立完善的市场机制是为了使建筑企业成为市场主体。在完全的市场竞争中，为提高市场竞争力，它们将通过研发和学习的方法提高建筑产品的技术含量。较早参与了市场竞争的国内房地产公司在这方面走在了前列。如深圳“万科”集团专门成立了像“万创”这样的技术研发中心，并将其作为集团的核心部门。事实证明，“万科”的楼盘因具有较好的品质而受到消费者青睐。建设部已经明确要求大型勘察设计院应建立技术研发中心，以解决建筑生产工艺落后和环境污染严重等“瓶颈”问题。在所有工业国家中，企业对于技术研发的经费投入比例均超过60%，而中国的数字仅为32.4%。到2010年，中国企业这一投入比例至少应达到50%～60%，才能真正把技术创新转变为以市场为导向[1]。

建立健全的市场体制还有利于环境保护。前文已经提到，现有建筑技术的效益评价存在市场失灵的漏洞。由于建设行为中外部成本的忽略，社会净效益低于私人的净效益，导致资源浪费和环境污染。所以需要使用经济杠杆进行调节，使得技术效益评价中的私人的成本和社会成本基本吻合。一般多采用激励手段。从一些国家的实践中，主要分为：排污费、使用者收费、产品收费、排污权交易和预付金返还等（表4–01)。发达国家的经济激励手段多种多样，其中50%是收费，30%是补贴，剩下的有预付金返还和排污权交易等等，比较成功的有荷兰的污水收费、美国的某些排污权交易和瑞典的预付金返还等[2]。

一些国家在环境保护中所采用的经济激励手段　　　表4–01

国家	排污费	使用者费	产品收费	行政收费	税收	补贴	预付金返还	排污权交易
澳大利亚	×	×		×				
加拿大		×				×	×	
丹麦		×		×	×	×	×	
芬兰		×	×	×		×	×	
法国	×	×	×	×		×		
德国	×	×	×	×	×	×		
意大利	×	×	×	×				
日本	×	×						
荷兰	×	×		×	×	×	×	
挪威		×		×	×	×	×	
瑞典		×	×	×	×	×	×	
瑞士	×	×			×			
英国	×	×		×	×			
美国	×	×	×			×		×
中国	×							×

各种激励手段能产生三种激励效用。首先是直接改变价格或成本，减轻业主的环保负担。比如对建筑使用者收费和征收污染产品费用，会直接改变价格或成本。污染治理的费用部分由业主消化，余下部分进入建筑成本最终由消费者共同分担。中国近几年开始向每户征收垃圾收集费用，可有效减少垃圾污染。

1　数据来源：中国科学院可持续发展研究组编著.2000中国可持续发展战略报告.北京：科学出版社，2000，p517

2　参见西安建筑科技大学绿色建筑研究中心编著.绿色建筑.北京：中国计划出版社，1999，p53

根据建筑材料或者施工过程对环境危害程度而发生的产品收费也促使业主在计算建筑成本时贴近社会成本。其次是通过政府财政手段间接改变价格或成本。比如通过补贴、低息贷款和其他财务刺激手段促进环保建筑技术的发展和业主执行环保政策。第三是促进市场发育和提供技术支持。市场发育一般是通过改变政策制度实现，例如排污交易、配额拍卖等市场的形成就有赖于经济政策制度的先行。

(2) 完善法规制度

除了经济手段之外，法规制度也是保证建筑可持续发展的必要补充手段。法规不仅能规范市场，保证激励手段的有效性，也能在市场失灵的情况下发挥作用，防止那些损害他人利益的行为发生，合理协调投资者、使用者和管理者之间的利益。

制定相应的法规，可以鼓励利用可再生自然资源和使用低污染和可循环利用的材料等等。中国面临紧迫的发展任务。建筑业是支持中国经济增长的支柱行业，中国“九五”期间全社会固定资产投资总规模为 13 万亿元，年均增长 10%，这些投资的 60% 以上属于建筑安装投资。按中国经济发展战略，今后一个较长的时期内，国民经济生产总值年平均增长速度为 7% ～ 8%。也就是说，建筑业将以高于整个国民经济 2 ～ 3 个百分点的速度增长，加上人民生活和消费水平的变化，建筑业面临着迅速增加的物质和能源需求[1]。这一方面是经济发展的契机，一方面也对环境保护和节能提出难题。中国正努力将经济发展模式从粗放型向集约型转化，对建筑业的要求就是——在保证建筑业发展的同时注重建筑的可持续性。法规建设是建筑可持续发展的必要保障。法规的制定所依据的定性和定量指标既要考虑现实的赶超性发展目标，又要考虑长远的可持续发展目标。

许多发达国家都已经建立起相应的规范。目前国际上发展较成熟的绿色建筑评估系统有英国 BREEAM（Building Research Establishment Environmental Assessment Method）、美国 LEEDTM（Leadership in Energy and Environmental Design）、多国 GBC（Green Building Challenge）等，这些体系的架构和应用，成为其他各国建立新型绿色建筑评估体系的重要参考。ISO14000 是为许多国家接受的环境管理评价的技术标准，这一标准影响到设计、生产和销售的各个环节。1990 年由英国的建筑研究中心（Building Research Establishment，BRE）提出的《建筑研究中心环境评估法》(Building Research Establishment Environmental Assessment

1 数据来源：姚兵.我国建筑科学技术的基础状况和展望.建筑技术，Vol.28,No.7

Method，BREEAM）是世界上第一个绿色建筑综合评估系统，也是国际上第一套实际应用于市场和管理之中的绿色建筑评价办法。其目的是为绿色建筑实践提供指导，以期减少建筑对全球和地区环境的负面影响。BREEAM 主要包含的评估条款覆盖了管理优化、能源节约、健康舒适、污染、运输、土地使用、位址的生态价值、材料、水资源消耗和使用效率九个方面，分别归类于“全球环境影响”、“当地环境影响”及“室内环境影响”三个环境表现类别。美国绿色建筑协会（USGBC）编写的《能源与环境设计先导》（Leadershipin Energyand Environmental Design，LEEDTM）问世于 1995 年。LEEDTM 评级体系制订的目的是推广整体建筑一体设计流程，用可以识别的全国性“认证”来改变市场走向，促进绿色建筑性能的公平竞争和供求的增长。评估内容包括场地规划、能源与大气、节水、材料与资源、室内空气质量和技术创新等 6 大方面。1998 年 10 月，由加拿大自然资源部发起，美国、英国等 14 个西方主要工业国共同参与的绿色建筑国际会议—“绿色建筑挑战 98”（Green Building Challenge 98），目标是发展一个能得到国际广泛认可的通用绿色建筑评估框架，以便能对现有的不同建筑环境性能评价方法进行比较。我国在 2002 年参加了有关活动。国外发展绿色建筑的宝贵经验给我们许多有益的启示，归纳起来，一是都体现了“四节”和环境保障的可持续发展要求，并将其贯穿到建筑的规划设计、建造和运行管理的全寿命周期的各个环节中；二是通过建立权威的绿色建筑评估体系制度，规范管理和指导，强化市场导向；三是要适应国情，找准切入点和突破口，先易后难，分步推进，逐步扩大范围，持续地提高要求，最终实现全面推广绿色建筑的目标。

一套清晰的绿色建筑评估系统，对“绿色建筑”概念的具体化，使绿色建筑脱离空中楼阁真正走入实践，以及对人们真正理解绿色建筑的内涵，都将起到极其重要的作用。对绿色建筑进行评估，还可以在市场范围内为其提供一定规范和标准，可减少开发商与购房者之间的信息不对称性，以利于消费者识别虚假炒作的绿色建筑，鼓励与提倡优秀绿色建筑，形成“优绿优价”的价格确定机制，从而达到规范建筑市场的目的。

长期以来，国家对能源的管理偏向重工业和交通节能，建筑节能和绿色建筑的发展缺乏有效的激励政策引导和扶植。我国现行的法律法规对能源、土地、水资源、材料的节约，也没有可操作的奖惩方法来规范和制约各方利益主体必须积极参与；建设部颁发的《民用建筑节能管理规定》，作为一个部门规章，力度远远不够，致使建筑节能和绿色建筑推广工作长期落后，成为我国全面建设资源节约型社会的一个薄弱的环节。中国在这方面的法规建设有待完善，有关法规多为原则性的导则。《全国生态环境建设规划》中具体要求“在项目设计中充分考虑对周围环境的影响，并提出相应的评估报告，安排相应的建设内容；工程验收时，要同时检查生态环境措施的落实情况。”《环境保护法》中规定“建设项目中防治污染的设施，必须与主体工程同时设计、同时施工、同时投产使用，防治污染设施必须经过环境保护行政主管部门验收合格后，该建设项目方可投入生产或使用。”[1]目前中国建筑节能规范开始有了可操作性的细则规范和部分定量指标，如采暖建筑的体形系数和开窗率等等。另外，法规的执行也需要行政管理制度的完善。不少地方对建筑节能和绿色建筑工作相关的行政管理职能尚未予以高度的重视，尚未将其列入政府承担公共管理职能的组成部分。各级政府没有相关的职能和编制，管理薄弱，个别地方甚至放任自流，导致政府管理部门缺位，该管的没管住。十多年的工作实践表明，必须把节能与绿色建筑工作列入各级政府的工作目标，利用法律、行政、经济等多种手段进行强有力的引导和干预。可以预见，在未来几年内，完善建筑立法和政府的监督智能是建设节约型社会的重要内容。

(3) 推广绿色建筑

推广绿色建筑不是建筑设计单个领域做能完成的，而需要各个领域的协作，以形成有利于绿色建筑产生的软环境。推广绿色建筑的思路要全面：一是全方位推进，包括在法规政策、标准规范、推广措施、科技攻关等方面开展工作；二是全过程监管，包括在立项、规划、设计、审图、施工、监理、检测、竣工验收、核准销售、维护使用等环节加强监管；三是全领域展开，在资源能源消耗的各个领域制定并强制执行包括节能、节地、节水、节材和环境保护等方面的标准规范；四是全行业联动，绿色建材、绿色能源技术、绿色家电产业、绿色照明以及绿色建筑的设计、关键技术攻关和新产品示范推广等等涉及许多行业，都必须在市场机制和国家政策的双重引导下联合动作，共同推进；五是全社会参与，从政府部门到建筑设计、施工和监理单位、房地产开发和物业管理企业、各类社会组织和企业直至广大人民群众都要积极参与，尽快形成浓厚的社会氛围。

在推广过程中的主要对策如下。一是全面启动北方的供热体制改革。国外的实践证明，光是供热体制的改革，就可以使得这些地区的建筑节能达到30%左右，并能够推动既有建筑的绿色化改造。这就需要我们打破几十年来一直把供热看成是一种福利的老观念，尽快启动此项改革。二是针对我国耕地保护的严峻形势，应率先在沿海地区推行紧凑型的城镇、小区和建筑规划设计模式，追求建筑“四节”和私密性、环境生态共存的绿色设计原则。三

1 转引自西安建筑科技大学绿色建筑研究中心编著.绿色建筑.北京：中国计划出版社，1999，p57

是要制定新的内容更加宽泛的四节标准与技术规范。建筑四节标准和技术规范应较为宽泛和简练，就是允许各地根据本地的原材料、风俗习惯和居住条件，引导多种形式、多种途径的创新，广泛地应用新技术来进行创新。四是执行建筑节能、节地、节水、节材的国家标准应该是实际工作的最低要求，鼓励地方政府和企业以更高的要求执行“四节”标准。各级财政投资和补贴的公共建筑，应率先达到严格的节能标准和绿色建筑规范。五是建筑节能标准要从单纯的节能设计、施工、运行尽快扩展到建筑的节地、节水、节材和减少温室气体排放和废水、垃圾处理以及提高室内环境质量诸方面。建筑四节应扩展到建筑的全过程。六是对高级公寓和标志性的公共建筑应执行更高的四节标准。统计资料显示，单位公共建筑的耗能量和耗水量分别是民用建筑的 5 ~ 10 倍和 2 ~ 4 倍。建筑“四节”改造，必须先从公共建筑开始进行，继而推进既有住宅建筑的改造。另外，这些公共建筑的榜样作用昭示：凡是要求老百姓做到的事情，政府自己必须首先做到。七是建立适应中国国情的绿色建筑的分等级制度以及相应的奖励办法。八是启动绿色建筑的运动的杠杆——强化对地方政府的激励。我国幅员辽阔，各地气候条件和发展程度差异巨大，推行绿色建筑必须充分依靠地方政府的主动性和创造性，才能有效地进行分类指导。此外，地方绿色建筑的设计创新，必须建立在全面继承和发扬富有地方文化特征的传统建筑结构之上，必须从乡土建筑中汲取先人们与自然和谐相处的知识积淀。地方政府和地方的建筑师非常了解各地风土人情的实际特质和差异化，必须充分调动地方政府积极性，才能最终落实科学发展观，创造和谐社会。从另一方面看，绿色建筑包括建筑节能的推进计划，必须与各地的资源约束程度相匹配。同时应将建筑四节效率列入对地方政府领导政绩考核的绿色 GDP 指标体系之中。要将建筑四节及绿色建筑的推广作为评选鲁班奖、詹天佑奖、国家园林城市、环境保护模范城市、生态园林城市和中国人居奖等城市荣誉称号的必要条件之一。要从全球污染加剧、温室气体效应强化、我国资源紧张的严峻形势，来思考我们推进建筑四节和绿色建筑的对策，把工作的落脚点牢牢落在地方行政启动这一杠杆，调动每一级政府、每一个地方的积极性，来完成这一艰巨的使命。

(4) 加强人力资源开发

归根结底，技术创新都要由人去完成，人力资源的开发是技术创新的保障。世界银行曾经发布了一个评价地区财富的方法，这种方法主要是把地区的财富分为三个部分：1. 自然资本；2. 创造资本（主要指人类创造的技术系统）；3. 人才资本。这种方法比较真实地反映了一个国家、一个地区的财富状况并把可持续发展的概念反映其中。创造资本和人才资本都与人力资源有关，可见人力资源是最重要的财富。日本、新加坡和香港等地区的实践都证明，如果注重开发人力资源和创造性资本，有效地利用好自然资源，那么自然资源贫乏的地区也能获得较快的发展。中国是人均自然资源相当贫乏的国家之一，实现可持续发展的主要途径应该放在人力资源的开发上。

高素质的建筑专业人才是建筑业可持续发展的生力军。如果沿袭过去那种以自然资源的高消耗和环境的高污染为代价换取建筑业快速增长的模式，不致力于提高建筑技术含量，那么人工环境和自然环境的矛盾有可能陷入恶性循环的怪圈当中去。图 4-22 表示的是国民经济、环境质量与技术变革的关系。受资源和环境约束的经济增长可以使发展曲线从第一阶段（曲线 A）推进到第二阶段。在没有技术变革的情况下，第二阶段的 GDP 有所提高而环境质量下降了（曲线 $B1$）。在有技术变革的情况下，第二阶段的发展曲线可以推进到 $B2$。这是因为技术创新使得资源利用率大大提高而环境负面影响减小。这一规律已被许多工业国家的实践所证明。目前中国建筑业的发展模式正对应了 $B1$ 曲线。要完成从曲线 A 到曲线 $B2$ 的递进，必须以人力资源的开发为后盾。

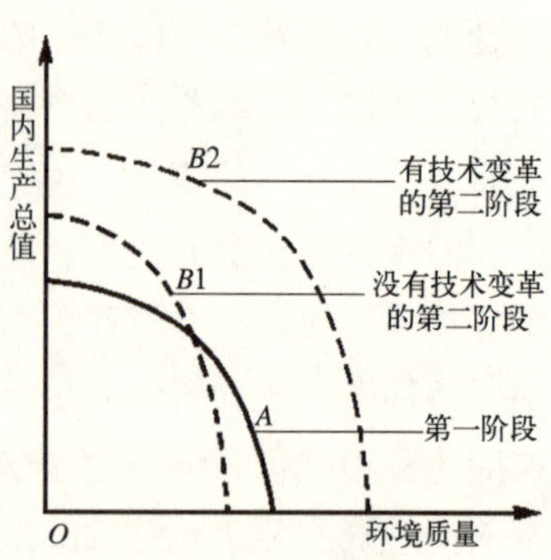

图4-22　技术与发展曲线

开发人力资源的关键是加强教育。建筑教育中尤其应当加强建筑技术的内容。中国建筑教育中，技术环节相当薄弱。以建筑学本科教育为例，建筑技术类的教材（砖混结构、建筑构造、建筑技术、建筑结构等）十几年如一日地沿用老教材，与建筑行业翻天覆地的变化成鲜明对比。根据笔者 2001 年对全国 7 个城市的建筑师进行的一项调查显示，从业建筑师最希望得到再培训的科目就是建筑技术（44.5%），其次是计算机辅助设计（43.2%）[1]。可见，此类专业知识的欠缺是他们从业过程中最突出的问题。建筑技术类教材应当及时更新，紧跟行业动向。计算机网络为信息共享提供了最佳途径，完善信息渠道的建设和加强信息共享度能大大提高教育的效率。

另外，加强建筑普及教育，提高公众审美意识也很重要。由于缺乏现代建筑艺术的濡染，公众的建筑审美情趣长期停留在形式本位的层面，形式几乎成为确定方案的惟一标准，在竞标活动中尤其如此。在这种氛围下，建筑师有时不得不迎合领导或者甲方的审美情趣而以形式为本位搞建筑创作，这不利于建筑技术创新。

1　数据来源：建筑师最想学什么——从业建筑师问卷调查解析.时代建筑2001/增刊，p4

小结　本章可简称为适宜技术之经济篇

本章首先理清经济和环境的关系以及技术在其中的作用。当代技术发展被赋予两重任务：保证经济发展和生态环境的保护。从长远来看，环境破坏会制约经济的发展。适宜技术强调两者的平衡，科学技术在其中起到关键性的调节作用。

随后阐述了适宜技术经济观的基本理念。适宜技术注重效益而非效率。效率的衡量较为绝对化，与技术的内在价值取向相关；而效益具有相对性，它受到地方具体环境的约束。适宜技术注重社会成本而非个人成本。个人成本低于社会成本是导致环境恶化和资源滥用的经济原因。适宜技术注重技术的生态性，同时也强调它受地方经济条件的制约。适宜技术注重技术创新。技术创新以渐进式为主，一味求快将导致技术背离社会与经济现实条件。地方经济需求是技术创新的内在动力。然而并不是市场需求本身，而是期待需求与市场实际需求的差距诱发技术创新。适宜技术注重技术引进。技术引进不等于生产率水平的引进，引进的技术必须经过地方化的改造，以适应地方的资源条件、产业结构和经济水平。

最后提出了针对于中国国情的当代适宜技术经济策略。适宜技术一方面强调技术选择和消化吸收，以有利于引进技术和创新技术与地方条件的融合，另一方面也强调地方经济环境的积极调整，以有利于技术的引进和创新。针对地方性建筑，提出技术创新的四种途径：1. 加快产业化。这是适宜于中国建筑业现实情况的宏观策略。2. 技术综合。通过对技术要素的重新组合，可以在微观层面提高技术效率。3. 扎根地方环境。与地方自然环境相结合的建筑技术具有节能和改善建筑微气候的效果，所以在获得较好环境效益的同时也具有明显的经济效益。4. 引进促进创新。这不仅是指具体技术的引进，更重要的是技术概念的借鉴和吸收，以达到本地技术创新的目的。建筑的低技策略不是严格意义上的技术创新，但它是在有限条件下提高经济效益的有效途径。它一方面制约了中国建筑技术工业化的发展，但另一方面也缓和了中国农村大量剩余劳动力的问题。在这种矛盾制约之下，中国建筑技术的发展将呈现多层次化的格局。适宜技术也重视经济环境的调适，其中主要包括经济体制与法规制度的完善。

第五章　地方性建筑中适宜技术的文化策略

在全球化进程中，地方性建筑文化所面临的既有挑战也有机遇。现代建筑在全球推进，使得各地区的建筑经历了一场革命。一方面，人们在共享着先进的建筑技术，使建筑变得更为高效和舒适。另一方面，他们又不得不面对建筑文化趋同、地方特色不断消失的现实。发展中国家引进西方先进技术的同时，也面临本土文化被侵蚀的危机。全球化的积极意义与消极影响并存，正如保罗 · 利库尔所说："全球化的现象，既是人类的一大进步，又起了某种微妙的破坏作用……这种单一的世界文明同时正在对创缔了过去伟大文明的文化资源起着消耗和磨蚀作用。"[1]地方建筑学的使命正是保护和发展多元化的地方建筑文化，这也是适宜技术文化策略的目标指向。适宜技术的文化效益就体现在地方文化特色的独创性上。如何对待地方传统文化也是两难的任务。它需要保护，更需要发展，因为在当代，传统文化应该在与其他文化的交流中超越自身。毕竟，没有文化他者的存在，传统只是一种未经反思的智慧。在当代要追求最佳文化效益，如何处理地方文化的传统性与当代技术的现代性之间的矛盾是关键，也是适宜技术文化策略所要解答的核心问题。

第一节　技术与文化

1. 技术传播与文化趋同

可以毫不夸张地说，文化的趋同在很大程度上归因于现代技术的传播。

一方面，借助于现代技术，建筑可以超越其所在环境与地点的限制，使远距离模仿成为可能。西方由于其技术的先进性而成为各国家和地区争相效仿的对象。另外由于技术位差是技术传播的动力，所以现代技术向世界各个角落的传播不仅是主观的选择，更是客观的规律。现代建筑技术使得建筑内部无论何时何地都可以保持一定的温度和湿度，现代的运输设施使所谓的"因

1　转引自[美]弗兰姆普敦.现代建筑：一部批判的历史.原山译.北京：中国建筑工业出版社，1988，p392

地制宜”在实践中仅仅成为了一种时髦的选择，意大利的花岗石、德国的工艺设备、法国的装饰材料可以出现在世界上任何一个角落。畅通的信息渠道使得异地模仿成为可能，在此意义上，任何地方的建筑都成为世界性的了。科学技术本身的发展也证明人之共性的存在。“染色体”概念表明一切生物都具有共同的、简单的基本结构；心理学研究表明无论东方人或者西方人都具有基本类似的心理结构。现代技术的传播就是人类追求普遍性与共性的结果之一。

另一方面，技术对建筑文化的影响已经深刻到了超越工具层面的程度，它不仅是一种手段，而且更带来了人们建筑观念的变化。建立于现代建筑技术平台之上的现代建筑理论随着技术传播也在重塑各个地域的文化。正如菲利浦 · 约翰逊在1927年所预言的那样，现代建筑国际式风格成为了统领全球的建筑风格。首先，现代建筑试图以一种普遍的建筑模式来解决建筑问题。正是由于现代建筑理论存在着普遍适应性，在一定程度上解决了各地区普遍存在的问题，才使世界性的模仿之风成为可能。事实上，经过现代主义运动的洗礼，各国建筑师得以摆脱传统的束缚，为建筑的现代化发展奠定了基础。其次，现代技术以其高度的理性和严谨而获得魅力，现代技术的美学价值被高度赞赏，正如密斯所说：“技术远不止是一种手段，它本身就别有天地……当技术实现了它真正的使命，它就升华为建筑艺术。”[1]建筑技术与艺术在理论上被统一起来，技术的手段性转化为目的性，技术化倾向本身也成为了文化的一部分，高技派、银色派等成为主流的建筑流派。

2. 文化多元可能性探讨

只要有地区差异，就有技术转移现象，现代技术的传播是不以人们意志为转移的。那么文化趋同是不是不可逆转的必然结局呢？能不能在技术传播过程中保持文化的多样性呢？这些都是地方性建筑所要解决的难题，也是适宜技术文化观的重要内容。

技术传播过程中，文化趋同与文化多元的可能性并存。如前所述，技术有自然和社会两重属性，负载了内在价值与社会价值，社会价值具有鲜明的地方性。内在价值与社会价值都会随着技术的转移而传入，技术输出方的价值观随之而对引进方的社会文化产生影响。引进方不可能一厢情愿地只接受技术内在价值而拒绝其社会价值的影响，这就产生了文化趋同的可能性。再反过来看，无论是在技术选择还是技术社会化过程中，引进方的社会文化也对技术产生了

1　四校编著.外国近现代建筑史.北京：中国建筑工业出版社，1982，p235

影响，这就是技术的地方化。各个地方的社会文化丰富多彩，所以也产生了技术文化表现多元化的可能性。由此可见，两种截然不同的可能性并存，其结果关键在于地方社会文化在整合技术过程中所起的作用。在理想状态下，技术在给地方社会带来新价值观的同时也经历地方社会化的改造，从而达到与地方社会的融合。而在现代技术的传播过程中，单一价值观的普遍接受是文化趋同的根本原因。由于西方中心主义盛极一时的影响，地方社会文化处于弱势，在技术的社会化过程中没有充分发挥其能动作用。

所以，**要使技术文化表达多元化，关键在于技术的社会价值调适。首先要摒弃全盘接受单一价值观的做法，提倡通过文化的理性交流来达成共识。其次要主动地以地方社会文化对技术进行整合。寻求地方文化要素与现代建筑技术的恰当融合，是实现建筑文化多元化发展的主要途径。**实际上，在现代建筑的发展历史中，在建筑文化趋同的主流之外，建筑文化多元化亦有一席之地，一些国家和地区一直有着地方性建筑的探索和实践。

3．地方文化的挑战和机遇

全球化发生在各个领域，它是发展的必然结果。在21世纪，国际间的交流日益频繁，任何国家想要闭关锁国都非现实之举。在与世界共同发展的同时能否保持自身民族文化，是发展中国家面临的主要困惑。发展初期，他们出于对西方文明的向往而积极引进西方模式，而当其弊端一一展现的时候，他们开始认识到没有一种普遍的模式来解决地方性的问题。**在现代性的框架中寻求自己的特色模式成为当今各地区尤其是后发展地区的主要发展战略，文化多元化成为一种趋势**。可见，文化多元化的主观愿望与客观可能性都已经存在，地方文化获得新生的构想正日渐清晰。

即便有了清晰的构想，在实际过程中仍然是充满挑战，它既来自于外部环境也来自于内部环境。现代技术的功能是如此强大，它所负荷的价值观念对地方文化也具有深刻影响力。但若是出于对本土文化的保护而对全球化采取防御态度和保守立场，无疑又是矫枉过正的做法。保守主义者们一般崇尚手工艺和传统技术，排斥广泛的文化交流互补而固守封闭的地方主义，这将是另一个错误的极端。

机遇和挑战并存，**在全球化的大环境中，在现代技术的平台之上，地方文化可以通过相互交流，取长补短而获得新的发展动力。**发展中国家可以借助现代建筑技术来实现本土建筑的现代化，提高人们生活水平。本土文化与外来文化是可以共存的。黑川纪章提出共生理论，他认为在全球化趋势中，一些优秀的民族性文化可以转化为国际性文化，国际性文化和外来民族文化也可以不断被吸收，融合为新的本土文化。日本的文化发展正是走了这样一条道路，他们积极学习西方文明和吸收现代技术，促进本土建筑技术的全面进步，并在此过程中发展出了既现代又具鲜明日本特色的建筑文化。黑川纪章提出：“维系青春和生命的关键在于某种文化的主流是否依然能够综合非主流的、异质的因素，从一个社会或一种文化中排除异质因素，也就意味着将这个文化送上衰败的道路。只有避免与单一的价值体系捆在一起，并将外来文化的因素集合到自身的文化之中，才能确立自身的文化，这才是新时代的国际主义。”[1]这与耗散结构理论的观点不谋而合，这种理论认为，一个系统只有与环境发生物质、能量和信息交换，才能获得负熵而保持活力，在封闭系统中，熵的最大数量积累将导致该系统走向“死亡”。一个文化圈可视为一个系统，它在交流与学习中保持生命力。

第二节　地方文化与地方性建筑

1．地方文化结构的三重层次

文化是诸多文化要素的复合体，它具有层次性和复合性，根据层次性我们可以将其分为器物文化、制度文化和观念文化三个不同层次。

器物文化是地方文化的表层结构，一般泛指包含文化要素的物质载体，也称为物质文化，比如建筑物、服饰、家具、装饰等都具有直接传达文化意义的功能。这是文化结构中最易改变的部分，外来文化因素的影响或者地方社会的发展对它的影响是迅速和直接的。

制度文化属于中层结构，它主要表现在物质生产和组织的关系和秩序上，比如人们的活动方式、组织方式等等。它较器物文化更稳定，是精神文化的外层部分，它可以通过观察来间接感知。

观念文化属于深层结构，是精神文化的内核部分，它以人的精神世界为依托，包括诸如审美趣味、文化图式、价值观念、道德规范、民族性格等等。它在一个民族或者地区漫长的历史中积淀形成，是文化结构中最稳定的部分，即使在社会变革和文化交流中也不易改变。所以它的改变一般滞后于社会变迁，建筑审美也是如此，比如当现代建筑技术在近代传入中国时，建筑师们依然在用混凝土来模仿砖木结构。观念文化影响着次一级的制度文化内容，亦支配着器物文化的表现形式，因此它在地方文化结构中起决定性作用。

1　郑时龄、薛密编译.黑川纪章.中国建筑工业出版社，1997，p15～16

2. 建筑环境意义表达的三种特征因素

建筑文化是地方文化的重要组成部分，建筑传达了丰富的文化内涵。首先建筑本身是器物文化的组成部分；其次它也是精神文化的载体，通过观察和分析可以感知制度文化和观念文化。也就是说，作为感知对象的建筑环境本身具有表达意义的功能，通过意义的表达，建筑环境得以显现其文化特征，地方建筑文化的多样性正是因为不同地区建筑环境意义的微妙区别。

阿摩斯 · 拉普卜特在《建成环境的意义》一书中，引用了霍尔（Hall，1966）所提出的一套环境意义表达的特征因素：固定特征因素、半固定特征因素和非固定特征因素[1]。

固定特征因素是指基本上固定的，或变化得少而慢的因素，它们是围合空间的基本元素——墙、天花板、地面、洞口以及城市中的街道广场和建筑物等等。这些因素的组织方式、尺度、位置等都会表达意义，在传统文化中尤为明显。它们以一定的秩序或图式表达文化特征，这种秩序和图式是观念文化在建筑环境上的反映，属于文化深层结构。所以由固定特征因素所形成的文化图式是地方建筑文化的核心因素，它在其他外围因素发生变化时保持相对的稳定。固定特征因素形成秩序的图式随文化图式而变化，对每种秩序的“解读”都需要凭借文化图式。比如人们发现法国观察家把美国城市描述为无序，而美国观察家也是如是评论穆斯林城市（Rapoport，1977）。

半固定特征因素包括装饰（包括墙面、天花、地面上的装饰）、色彩、隔断、陈设、小品、标志等等。这些因素都能够迅速地加以改变，半固定特征因素往往比固定特征因素表达更多的意义。一般固定特征因素已经表达了某种意义，但在所有场合中都需要其他因素加以补充。这种补充可能是出于设计者为了强化已表达的意义，也可能是出于使用者为了营造一种个性化的环境。前者具有鲜明的脉络而使得环境意义更容易被解读；后者有可能沿袭也有可能忽略原有脉络。但无论沿袭或忽略，使用者个性化的营造都导致了多样性的产生。这种多样性可能丰富了原有意义的内涵，也可能使之变得含糊暧昧，比如许多商业性的广告和标志有可能消解建筑试图传达的意义。

非固定特征因素主要指的是使用者或居民的非语言行为，比如人的空间关系、体态、表情、目光接触等等。它直接与地方文化特征相关，比如各个文化圈人们交谈的距离不尽相同，生活习惯也千差万别。在研究建筑环境意义时引入这样一个概念，其目的是为了架起它与半固定和固定特征因素的桥梁，用它来指导地方性建筑的创造。

---

1 参见[美]阿摩斯 · 拉普卜特.建成环境的意义——非言语表达方法.黄兰谷等译.中国建筑工业出版社，1992

从建筑技术的角度来看，和建筑环境意义最相关的是固定特征因素，其次是半固定特征因素。适宜技术观所关注的主要是如何建立起建筑技术与地方文化图式的关联。

3. 建筑创作中地方文化的三种表达方式

致力于地方性建筑研究的建筑师们一直在探索地方文化表达的方法。有的从文化本身的角度出发，将地方性建筑创作方法归纳为“再现、复兴和发展”；有的从设计手法的角度出发，将之归纳为形态构成、拓扑构成和类型构成等；还有的从技术角度出发，如建筑大师齐康将地方性建筑的创作的方法归纳为“传承、转化、创新”六个字[1]。无论从哪种角度，其表达手法都有相似的构成，本文将重点从技术的角度予以探讨。

(1) 传承

传承有两层含义：

首先指继承在当代依然具有适宜性的地方传统技术，使之重新焕发活力，参与到现代建筑的创作中去。传统技术是在结合当地自然、经济和文化条件的基础上发展起来的，它们的科学内涵的内核不会被时代抛弃，通过和新技术的结合，依然可以在当代发挥作用。在这种传承传统技术的建筑创作中，地方传统技术所携带的地方文化内涵自然而然地被清晰传达。比如黄土高原上的窑洞新居，虽然其材料和构造方法与传统窑洞有很大不同，但技术内核的相似使得它具有地方文脉，因而表现出鲜明的地方性。

其次是指继承优秀的传统建筑文化，用现代建筑技术来再现传统建筑形式。这种方式通常是运用现代的材料、构造方法等，对某些重要历史地段恢复重建，以再现地方传统风貌特色，如南京夫子庙、北京的琉璃厂等。需要指出的是，这种再现必须与历史环境结合才具有意义，脱离历史环境依据的生搬硬套是纯粹的复古倾向。要做到传统向当代的转换，前提是传统建筑环境的留存。因而必须有完善的政策保障，使各处有代表性的地方建筑不为现代建筑环境所遮蔽和破坏，保留文化资源的原貌。同时，当代建筑文化的确定也不能是对原资源的粉饰和照搬，“假古董”永远难以与当代社会需求相容。对传统乡土建筑的态度只能保持在“借鉴”上，当代创造意义是不可逃避的，最终形成的是作为传统文化的地方建筑与作为当代标识的当代建筑的合理共存。

人类的意识形态与接受尺度源自于生存经验的积累，而生存经验又来自生活经历，所接受的教育和生活习惯等的传承叠加。这注定了一定地域、一个民

1 参见邓浩.区域整合的建筑技术观.东南大学博士学位论文，2002，p139

族乃至一个国家对自身传统与习性的亲切感，也就是一种血脉中的“趋向传统意识”。有传统文化印记的设计容易感召受众的生存经验，达到接受角度的共鸣。在当前追求高效、简洁、快速生活节奏的生存方式中，在传统积留的生存经验记忆中选取与之对应的设计元素，使人们在忙碌的生活中和不失时尚感的情况下追溯回忆，幻想与回归久违的自然，完成一种感觉上的精神释放与安逸，这是继承传统建筑文化最直接的现实功用。

(2) 转换

转换是基于现代建筑技术基础之上的地方文化的当代诠释。它的一般手法是运用符号学和语言学原理，将地方文化要素转译为现代建筑的形式语言，以匹配现代技术。它立足于当代，所以比传承地方传统文化又更进了一步。后现代主义所提倡的隐喻和象征手法就可视为地方性要素的转换方法。符号或者象征是一种语言学模型，它们通常借助固定特征因素和半固定特征因素来表达意义，而且后者更为普遍，因为它能更直接和方便地表达意义。如果符号运用过于装饰化和表面化，可能导致地方性建筑创作滑向通俗主义。“通俗主义的主要目标是发挥其作为一种信息或工具的符号功能，这种符号不是要唤起一种真实感，而是想通过模拟使直觉的意愿进一步升华。它的根本目的是尽可能简捷地达到一种预想的意愿的满足。”[1]成功的转换不是肤浅的符号模拟，它需要想象力和对地方文化的深入理解。在形式的借用中，要将地方建筑自发式的形式呈现上升为一种概念化的、融入审美取向和形式结构、艺术与功能并重和主动式的形式语言。使当代建筑既含有传统建筑的某些特征，又要保持与其的距离，表现出创造性。这牵涉到对传统形式的概括，变体，解构，重构等方式，完成形式上的“差异性转变”。在建造技术上，吸收地方建筑就地取材的优点，尽量运用采集运输便利的材料作为建筑和环境的原料和装饰元素。包括使设计能充分利用当地的地理条件和气候因素完成建筑的实用功能，减少资源的浪费，做到环保、节能、循环利用与可持续发展。同时继承地方建筑多年积淀、业已成熟的建筑手段与技术，因为手段与技术同材料及建筑环境的关系极为紧密，继承可以是在去粗取精的前提下进行，对原有技术的不足之处做相应的修改，目的是为整个建筑的建造过程和审美效果符合当代的要求。

(3) 创新

创新是基于现代建筑技术基础之上的对地方文化的再创造。它追求技术与人文环境的协调与融合，既强调地方特色又注重对地方文化的重塑，使地方性建筑既传统又现代。地方文化创新的基础是传承和转换，它比转换更进一步，

1 简·穆卡罗夫斯基.视觉艺术的本质.转引自[美]弗兰姆普敦.现代建筑：一部批判的历史.原山译.北京：中国建筑工业出版社，1988，p388

因为它多了一个对矛盾事物进行辩证综合的过程，共时性是它的主要特征。杨经文、柯里亚、哈桑 · 法赛等建筑师的许多地方性建筑作品都体现了现代技术与地方文化的有机融合。传统资源怎样转换为一种当代的建筑实物存在，既需要寻找到传统建筑形式上的当代因素与材料，技术上的当代运用及拓展，又要使传统建筑的形态和功能达到与当代生活方式的契合。

4. 建筑技术与艺术的分离与整合

如前所述，建筑文化与技术事实上是密不可分的，那么建筑技术在建筑艺术发展中所起的作用也是不可忽视的。从整体上看，大的科学技术变革在发展之初很少能在建筑艺术上有所体现。但随着新科技走向成熟，新的建筑技术的影响力开始显现，而当科技变革完全成熟之后，它将带来新的社会生活和与之适应的价值观和技术观，从而全面地影响建筑文化。比如 19 世纪 50 年代后液压升降机被用于建筑并最终发展为电梯，这促成了高层建筑的发展和芝加哥学派的形成。“高技派”作为当代一个主要的建筑艺术流派，其产生的直接原因就是高技术应用所带来的审美价值的转变。外来技术对于地方建筑文化的影响也有些类似，当外来技术开始改变地方社会生活时，新的技术观也开始作用于地方建筑艺术。

在前工业时期，建筑技术与建筑艺术是简单而和谐的一个整体。当时的建筑师又是工程师和艺术家。从古罗马时期的阿尔伯缔到文艺复兴时期的达 · 芬奇，再到古代中国的能工巧匠们，他们都了解结构和构造等有关技术细节，实践着早期的全体性设计方法。他们的技术观较为朴素，与地方社会文化也是和谐对应的关系。古代中国的木结构体系是一完整的建筑技术体系，在这一技术体系的约束下，无论是民居或是宫殿，也无论由哪个工匠设计，建筑艺术都有同构的特质，因此也共同表达了鲜明的民族特色。同样，古罗马的石砌拱券技术和哥特时期的尖券与飞扶壁技术都促成了不朽地方建筑风格的诞生。

工业革命打破了建筑技术与艺术的均衡关系，建筑师不再可能成为一个完美的多面手，建筑技术与艺术有分离的倾向。技术革命所带来的新技术是如此强大，在现代建筑发展初期，技术至上的思想直接促成了机械美学的产生。建筑师桑 · 伊利亚在《未来主义建筑宣言》中宣称：“我们必须发明和重建我们的现代化城市，使之成为一座巨大、繁荣的船坞，积极、多变，日新月异，到处生机勃勃。现代建筑好像一架巨大的机器。”[1]可见，技术至上的思想同时也导致了对地方环境的忽视，所以才有后来后现代主义等学派对它的质疑甚至否

1 转引自柳鸣九主编.未来主义、超现实主义、魔幻现实主义.北京：中国社会科学出版社，1993，p48

定，它们提倡重视“场所”以重新建立起建筑与环境的关联性，并试图在建筑艺术中淡化或隐藏技术。无论是哪种倾向，此时的建筑技术与艺术是此消彼长的关系。

信息技术革命以后，信息技术波及建筑领域，加上可持续发展思想的影响，建筑艺术更加呈现多元化，此时的地方性建筑创作中，技术选择呈现多样化趋势，现代技术与传统技术相互影响与渗透，建筑师们或者倾向于用高技术来表达地方传统文化；或者用现代技术来改良传统技术；或者根据地方条件利用低技术来进行创作。在多元化趋势下，技术的人文价值日益凸显，建筑技术与艺术将重新走向整合。

5．中国当代地方性建筑创作与技术态度

在深入剖析技术文化观之前，要先了解一下20世纪以来中国地方性建筑创作的历史脉络。中国20世纪初期的建筑地方化基本上是意识形态和民族主义主宰下的民族化，在创作理念上以文化象征性为主。当时国家政权亟需某种有识别性的建筑文化，中国传统建筑符号通过隐喻、象征等手法运用于建筑平面、立面上，以完成对意识形态、民族文化传统和革命精神等的文化表现。中国地方性建筑创作在相当长一段时期内都流连于传统形式的模仿上，从20年代中山陵竞赛吕彦直的获奖方案，到50年代的十大建筑，再到90年代的北京西客站，大屋顶作为形式上的象征符号一直缠绕着中国建筑界，意识形态在建筑文化领域起到巨大的控制作用。

实际上，建国初期某些项目中，着实有一些对结构体系和构造形式的探索，其想象力和大胆探索程度可能超过今天建筑师的实践，只是这些建筑中的技术特征多被起文化象征作用的装饰物遮盖，因而很少得到完整的表达（图5–01）。大规模工业和民用建筑的创作中则贯彻着经济理性的原则，这种设计观念主要体现在那些作为社会基础设施意义上的城乡规划和建筑设计中，苛刻的经济条件使得建筑创作不得不以精简、节约和平均分配等经济准则为主导。在这一类建筑中，文化象征意义显然让位于更为紧迫的经济现实，因而极少有繁复的装饰，结构和构造特征往往被清晰地表达，技术本身传达了意义（图5–02）。具有深意的是，在极端苛刻的经济条件下，一些极为激进的技术实验曾经涌现出来，如50年代中期

图5–01　民族文化宫（20世纪50年代）

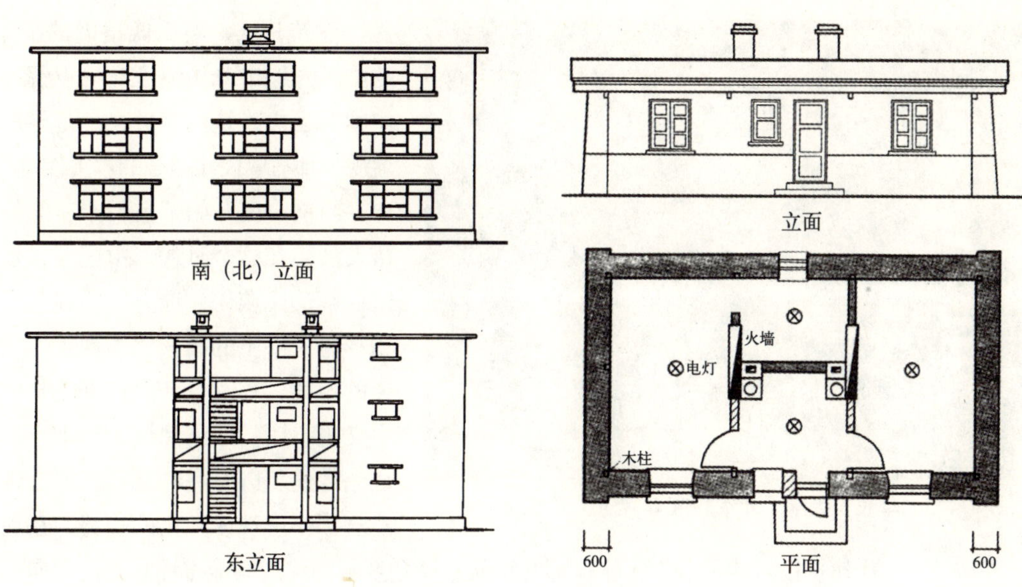

图5-02　建国初期贯彻经济理性原则的住宅设计

图5-03　采用地方技术“干打垒”的大庆油田职工住宅

曾出现过全国上下以竹材代替木材和钢材的实验，另外还有60年代早期的“干打垒”夯土实验等（图5-03）[1]。

改革开放初期随着工程量的激增和国外建筑理论思潮的大量涌入，中国地方性建筑的创作步入各种风格混杂的折中时期。一方面传统的文化象征手法依然盛行。对国外建筑理论（如建筑语言学）的片面理解更促长了直接借用传统建筑语汇的创作之风，使得这种风格以更为表象的形式再现。国外后现代主义等思潮与国内市场经济的结合产生了一种通俗化的商业风格，它的典型特征就是立面的符号拼贴。其中大量的建筑创作在回应地方气候、自然特征等方面少有尝试，而仅仅是试图通过简单的形式语言手法来阐述建筑与地方文化的关联（图5-04）。在中国这样的发展中国家在一定时期会出现所谓的“后殖民化主义”现象，即在艺术、衣食住行甚至思维方式上表现出明显的西化。以美国为主的西方强势文化正以惊人速度进入我们的生活，西方标签的东西成为年轻人的必需品，而中国传统文化在当代却显得如此陌生。中国的当代文化的“不自主性”与传统本土文化的迷失，具体到建筑方面，突出的状况是要么粗制滥造的“包豪斯

1　“干打垒”是中国东北农村地区的一种用土夯打而成的简易住宅。1960年大庆油田建设初期，设计人员把当地民间的“干打垒”的方法加以改进，并利用当地材料油渣、苇草以及黄土等，做成一种新的“干打垒”建筑。在当时经济困难时期，油田厉行节约的做法无疑具有合理性，因地制宜的设计也使建筑极具地方特色。但后来“干打垒”被提升成一种无所不包的革命精神而向全国推广，许多地方都放弃自己的地方特色而采用“干打垒”，此后的发展基本上是非建筑、非科学的。

式”建筑遍布，要么低格调的“伪欧陆风情”和“新中国建筑”的泛滥。中国的当代建筑的当务之急是寻求展现一种与现代性融合的本土性。

图5-04　光华长安大厦（北京1990年代十大建筑之一）

当前中国开始了前所未有的经济发展。在这个时代，中国现代建筑面临的民族化、地方化问题与意识形态主宰下的民族化出现了本质上的不同，与改革开放初期的折中主义也不同，经济和技术基础再次成为建筑赖以存在的基石。地方性建筑创作呈现多元化的趋势，在现代建筑技术的平台上，建筑师尝试从不同角度阐释建筑的地方性。有的倾向于在建筑形态上寻求传统地方性建筑样式的当代传承或转换，代表作有南京梅园纪念馆、黄山云谷山庄、北京大学图书馆新楼等；有的倾向于在建筑类型方面着手，意在抽象地表达建筑的地方性，如南京大屠杀纪念馆、广州南越王墓博物馆；有的从地方自然环境入手，追求建筑与环境的和谐共生，如荣城北斗山庄、赤城山济公院；还有的从挖掘地方技术（这是最接近地方性建筑本质的要素）入手，创作出具有生态意义的地方性建筑，如甘肃的窑洞新居、北方农村的太阳房。其中，寻求传统形式的传承或转换依然是最普遍的创作思路。**难以超越传统和对技术本身的忽略是当代中国地方性建筑创作的瓶颈。**

第三节　适宜技术的文化策略

正如前面所说，适宜技术的文化效益体现在地方文化特色的独创性上，所以适宜技术文化策略的目标指向是保护和发展多元化的地方建筑文化。保护和发展是一对辩证的概念：没有保护，也就无从发展；只讲保护而忽略发展，地方文化将陷入僵化状态，发展可视为一种积极的保护方式。保护和发展的关系就是场所与技术的关系，后者是前者在建筑领域的映射。场所与技术之间存在微妙的互相作用，伦佐·皮亚诺说：“今天的技术是世界性的，如果使用不慎，能轻易破坏场所的精神；另一方面，场所是地方化的概念，地方传统和其他约束能抑制技术奇妙的潜力。”[1]所以，**适宜技术的文化策略着重于解决两个**

1　Edited by Kenneth Frampton. Technology Place & Architecture: the Jerusalem Seminar in Architecture. Rozzilo International Publications, Inc, 1998, p132

问题——如何慎重使用技术以保护场所以及如何在场所的约束范围内发挥技术的最大功效。

在地方文化的发展过程中，技术与文化的客观相容程度以及社会的主观态度共同决定了地方文化的走向。对于像中国这样的发展中国家，在接受现代技术洗礼的过程中，普遍经历了民族文化的失落与消解阶段，这一方面是由于外来技术与地方文化的冲突，另一方面也是因为社会主观态度的导向。他们普遍持有迫切发展的愿望，认为引进现代技术就是引进西方现代化，而忽视了对技术的社会化调适。在第二章中提到，技术的社会化调适包括技术的调适和社会心理的调适。**技术在文化领域的社会化调适可以归结为技术与地方文化的融合以及地方风格的创新两个方面。**

1. 技术调适——技术与地方文化的融合

技术调适的目标是取得技术内在价值与社会价值的协调。建筑普遍具有地方性，所以建筑技术的运用理所应当地须考虑到地方文化的因素，应当设立技术的人性化和地方化目标，而不是单纯理性的经济目标。同时，对于发展中国家，现代技术内在价值的吸引力毫无疑问是技术传播的主要动力。实践证明，只有兼顾技术的社会价值，其内在价值才能在特定地区得到有效的实现，否则将导致技术的“大跃进”现象。

在第一节中已经得出结论，技术传播与建筑文化多元并不矛盾，也就是说，在现代建筑技术传播过程中，存在着建筑文化多元的可能性，实现文化多元的途径就是地方文化对现代建筑技术的整合。

(1) 地方文化整合现代技术的层次性

现代建筑技术从器物文化、制度文化和观念文化等多个层面对地方文化产生影响，这种影响是自下而上的，从对器物文化的影响扩展到对观念文化潜移默化的改造。地方文化对现代技术的整合也将在这各个层次展开，所不同的是，这种影响是自上而下——首先是观念作用于技术，而后再逐步贯彻到具体建筑的技术措施中。从这个意义上来说，建筑要回归地方性，首先依赖于观念层次和制度层次上的调适。

地方观念文化对技术的作用是深刻而明显的。日本传统建筑文化承袭中国古代建筑文化，注重建筑与自然的交流与和谐，受此影响，很多日本现代建筑都着重院落或者“灰空间”[1]的营造，成为具有鲜明地方特色的现代建筑典范。我国地域文化差异较大，北方是厚重的中原文化，闽粤一带是灵秀的岭南文化，

1 郑时龄、薛密编译.黑川纪章.北京：中国建筑工业出版社，1997

所以北方建筑较为讲求端庄大气，南方建筑则更灵活多变。要创作出优秀的地方性建筑，首先要挖掘地方建筑文化的深层次内涵，其次，要对技术的“自主性”保持一种警惕的态度，主动地用地方文化的积极因素对其进行检阅和调适。院落是中国传统建筑中最重要的构成元素，从宫殿到民居，从三合院到四合院，从徽州“一颗印”到客家土楼，院落都是空间组织与文化象征的核心要素，从中可以抽象出典型的具有地方性特征的空间类型。以这种思路指导建筑创作，才能避免肤浅浮滑的模仿和拼贴，而从深层次上建立建筑与地方文化的关联。在当代，观念上的改变正在进行。

在观念和器物层次之间，还有制度这一环节。如果没有制度层次上相应的调整，要创作出真正意义上的地方性建筑也将困难重重，所以，法规、规范、评价机制和激励机制的完善须先行一步。比如，若没有鼓励使用地方材料和绿色技术的政策法规，那要创造环境友好的地方性建筑只能成为空谈。地形是重要的地方性要素，充分利用地形是地方性建筑创作的重要原则之一。但是往往不管原有场地多么起伏，中国建筑师在接到设计任务的时候已经被告知要在一块平地上搞设计，因为这之前场地已经被推土机推平，建筑师的职责范围根本不涵盖这一领域。另外，虽然大家都知道节能的重要性，但是在现有的方案评标体系中，往往建筑外观成为方案筛选的主要尺度，节能只是非常次要的考察标准，所以毫不奇怪，那些具有视觉冲击力的但是耗能巨大的中庭在方案创作中高频率地出现。方案评标中外观往往重于空间，虽然空间是最能表达意义和具有深度的设计要素。具有深意的是，中国当代一些年轻建筑师在地方性建筑创作的摸索中，不得不游离于“主流”之外而被视为“先锋”，他们转向空间和“建构”去寻求建筑的“本体”和“内核”[1]，以反抗现行的商业建筑文化。他们所推崇的东西，其实正是地方性建筑创作的基本元素。所有这些现象都表明，现有设计机制约束了地方性建筑的创作，要改变现有地方性建筑创作中的浮滑之风，必须要有机制上的调整。

(2) 整合途径之一：固定特征因素的意义表达

固定特征因素和半固定特征因素是建筑环境意义表达的主要因素，它们是建筑技术与地方文化图式产生关联的关键性中间环节。

固定特征因素所表现的主要是空间的特征，这是最接近建筑本体的东西，去掉装饰和附加物后，建筑就剩下最基本的构件和它们所围合的空间。正如前文所述，空间的组织方式、尺度、位置等都会表达意义，在传统文化中尤为明显。即使剔除装饰，中国古代庭院空间或古希腊的柱廊式庭院也可被清晰识别。古

1 参见张雷.基本空间的组织.时代建筑，2002/05；朱涛.“建构”的许诺与虚设.时代建筑，2002/05

希腊神庙宏伟的空间尺度和密匝的柱廊使得它有别于一般殿堂，人们从中感受到神权的威严。固定特征因素也是最接近技术本体的建筑要素，因为这些构件都有基本的功能，而建筑技术的基本目的就是围合出所需空间。18 世纪法国的启蒙主义建筑师罗杰埃（M.A.Laugier）将森林中的茅棚——由 4 根树干支起一个树叶顶棚看作是建筑生成的基本原型（图 5-05）。他认为在这一原型中，所有构件在限定空间上都是必要的，在力的传递上它们也是最基本的构件。罗杰埃暗示只有必要的构件才是真正美的，只有返回最基本的完美性，真理和美才得以满足。现代建筑正是坚持这样一种技术逻辑和审美观，从古典主义和折中主义走出来，实现了革命性的突破。空间是现代建筑的主题，营造空间也是现代建筑技术的基本目标，现代建筑技术所要解决的根本问题就是将围合空间的基本构件按照力的传递最简单原则进行组合布置。

图5-05　罗杰埃的原始茅棚

由此可看出，由于建筑固定特征因素是表达意义的重要因素，所以与之紧密相关的建筑技术具有承载文化内涵的特质。也就是说，现代建筑技术具有与地方文化相融合的基础。在传统文化中，一定的空间组合图式总对应一定的地方文化，它是地方建筑文化的核心因素。**将这种对应不同地方文化的传统空间组合进行分析归纳，能抽象出一些具有地方性的基本的空间类型。这些基本空间类型通过现代技术重新表现，它们依然具有地方文化的“代码”，同时，它们又符合现代技术的结构和构造逻辑，这是地方文化对现代技术进行整合的基本途径之一。**

在类型学研究中，对基本类型的处理包含了几何简化、类型转换和图形换喻等手法。类型处理的目的是“神似”，而非“形似”，空间类型的处理同样也可以遵循这样的规则。日本许多当代建筑师在庭院设计上也运用了类型的方法来再现传统院落空间的神韵。柯里亚注重空间的有序组织，他将印度传统图案“曼陀罗”结合传统院落类型得出一种空间有序组织的模式。这种模式既讲求统一有序，也注重识别与变化。他把这种模式运用到现代社区设计中去，创造了具有识别感的宜人的社区环境（图 5-06）。中国青年建筑师刘家琨在建筑创作中就很注重地方性，他致力于创造一种基于经济落后但文化深厚的地区的建筑。在吸收全球性技术的同时，他从传统乡土建筑中抽取原型，如罗中立工作室的原型取自成都平原边缘地区的灰窑，何多苓工作室的原型取自于藏羌的碉楼。他的作品都具有现代极少主义特征，但其空间依然能让人感受到丝丝的传统意味（图 5-07）。

(3) 整合途径之二：半固定特征因素的意义表达

半固定特征因素是最能直接表达意义的因素，装饰、陈设和小品等在传统文化中都具有鲜明的地方特色，它们具有符号化的特征而很容易被解读。然而在现代主义“少就是多”的信条和现代技术工具理性思想的共同作用下，装饰

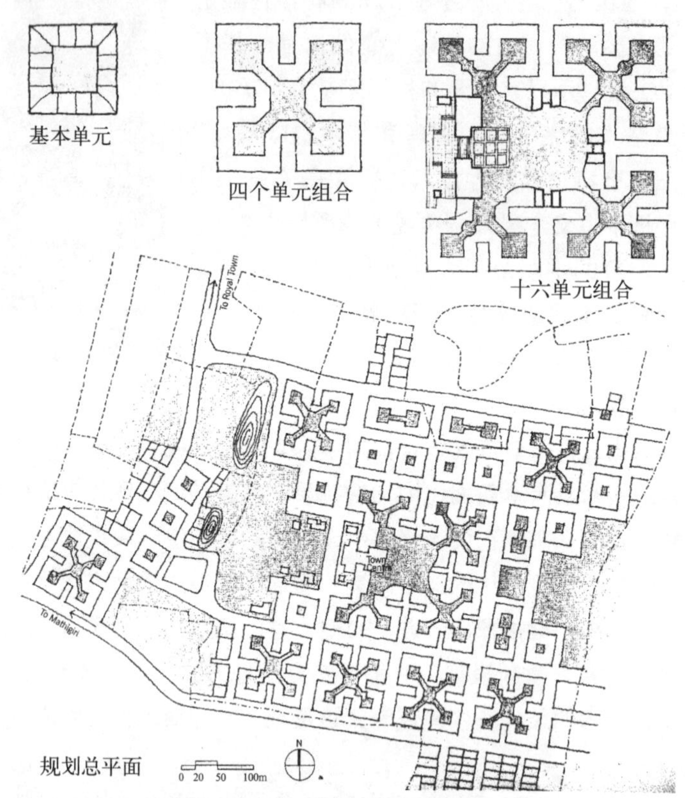

图5-06　印度班加罗尔Titan镇规划（柯里亚）

图5-07　刘家琨从传统乡土建筑中抽取原型的创作

等一度被视为具有消极意义的建筑元素，“装饰就是罪恶”，机器美学的审美原则当然是排斥装饰这种“非理性”的因素。这种观念在一定程度上造成了现代建筑形式语言的贫乏和单一，也是导致建筑地方特色消失的原因之一。

固定特征因素和半固定特征因素在不同层面表达了意义。传统地方建筑之所以引人入胜，不仅因为它们各具特色的空间与建造手段，也因为它们各具特色的装饰性语言，一个别致的窗户或者一个门头都表达了一定的意义。中国传统木构建筑就是两者和谐统一的典型例证，装饰都与结构和构造构件有机结合，比如木梁出头雕琢成“云头”，柱础塑造成“莲花座”，在固定特征因素和半固定特征因素的有机融合中，建筑技术与艺术完美地结合在一起。进一步深究，可发现在中国古代，建筑技术从来都不是纯理性地为技术而技术，而是包含了艺术审美内容的复杂体系，即使建筑装饰雕琢本身也是作为一种砖木技艺而成为建筑技术的一部分。再回头看当代地方性建筑的技术倾向，可发现，由于技术与艺术的分离状态，固定特征因素和半固定特征因素已然处于一种尴尬的关系中。

在对现代建筑的反思中，后现代主义等思潮反对简单明了的现代建筑模式，认为建筑是“带有装饰的遮蔽所”，正是因为装饰才使建筑具有个性，有象征，而现代建筑剔除装饰大事简化的结果是产生大批平淡的建筑。这一理论的支持者还认为，建筑形式的语言不应该抽象地独立于外部世界，而必须依靠和植根于周围环境之中，能引起关于历史传统的联想，且不排除对古代装饰的模仿和直接运用[1]。所以装饰是确立建筑“文脉”的重要元素之一。从一些后现代建筑实例中可看出，装饰倾向是对现代主义建筑清教徒式语言的否定和突破，也是对现代技术工具理性的质疑。但从纯粹技术角度上看，许多装饰是多余的，有一些甚至是对技术原则的违背，比如“断裂的山花”、“虚假的柱式”等等[2]。

建筑技术与艺术的分离导致了现代建筑对装饰摇摆不定的态度，而在建筑技术与艺术重新走向整合的大趋势中，对地方性要素的辩证综合要求建筑技术的作用范围扩展到半固定特征因素的领域。由于半固定特征因素具有表象性，用现代技术对其进行重新表达时，它的“代码”更容易被解读。法国建筑师让·努维尔在阿拉伯世界文化中心的设计中，用现代技术再现了伊斯兰风格的传统形式语言，南立面上由机械装置控制的由钢和玻璃构成的30000个光滤

---

1 刘先觉主编.现代建筑理论.北京：中国建筑工业出版社，1999

2 后现代的代表人物罗伯特·文丘里于1962年设计的费城栗子山住宅中，采用了断裂山墙的造型语言，在艾伦艺术博物馆扩建工程中，采用了夸张的巨大尺度的爱奥尼木柱形式，表明了他对刻意装饰的支持态度。
参见刘先觉主编.现代建筑理论.北京：中国建筑工业出版社，1999，p21，p64

伊斯兰传统窗格 Mashrabiya

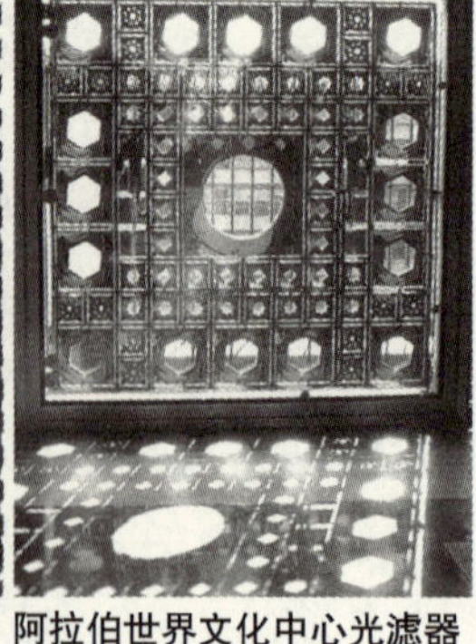

阿拉伯世界文化中心光滤器

图5-08 传统图案的当代诠释

器形成了韵律化的立面图案，具有鲜明的伊斯兰特色，这是对伊斯兰传统装饰语言（Mashrabiya）进行抽象的结果（图 5-08）。在此，努维尔从装饰性语言着手表达特定的文化内涵，采用抽象化的手法而非简单的符号搬用，但建筑和伊斯兰传统文化的关联能被清晰地解读。

将对应不同地方文化的半固定特征因素进行分析归纳，能抽象出一些具有地方性的基本建筑语汇，将这些基本语汇进行再演绎并通过现代技术重新表达，能实现地方性建筑的多样性，这也是地方文化对现代技术进行整合的基本途径之一。

在那些传统文化遗产丰厚的地区，建筑师也热衷于挖掘和借用传统装饰性语言。和空间类型的抽象手法相比，装饰性语言的抽象运用更为表象，更能直接引起文化的共鸣。沙特阿拉伯建筑师侯赛尼 · 舒埃比（Hussaini Shuaibi）在利雅得的使馆小区设计中，借鉴了当地内志地区（Najd）传统村落的建筑风格。他把当地土坯建筑的装饰和色彩运用到使馆小区设计中，使其鲜明的地方特色一目了然（图 5-09）。

(4) 两种途径的有机结合

固定特征因素和非固定特征因素都能表达意义。然而，正如前面所说，在现代建筑发展的不同阶段，对两者的认知态度也经历了变化，特别是对后者的

Hussaini.Shuaibi 在利雅得设计的使馆小区 ▶

▲ 沙特阿拉伯 Najd 地区传统土坯建筑

图5-09 沙特阿拉伯传统建筑装饰性语言的当代运用

态度始终摇摆不定，从一个极端走向另一个极端。

中国的情况更为特殊，改革开放之初正值国际上后现代之风盛行，国内建筑界寻求地方性的愿望与后现代主义若干主张的结合造就了一种浮躁的建筑风格，其典型特征就是立面上的传统符号的堆砌。诚然，非固定特征因素能表达意义，比起固定特征因素，其方式更直接更容易被解读，它使得建筑看起来是“地方的”，而且简便易行。立面上的一个符号似乎就能暗示了其文化指向，不需要苦心孤诣的空间经营，它的根本目的是尽可能简捷地达到一种预想的意愿的满足，确切地说，这种满足是行为主义的东西。其结果正应验了弗兰普顿的一句话——“企图利用肤浅的历史主义来绕过辩证综合，其结果只能堕入冒牌文化的的商品拜物教。”[1]

出于对这样一种建筑文化的反抗，当代一些年轻建筑师在创作中开始自觉地重归现代建筑的主题——空间，试图寻找“建筑不可缩减的内核”，以恢复建筑本来的面貌[2]。他们的作品具有极少主义的特征，去除装饰，用简约的建筑元素表现空间，如张雷设计的南京大学学生活动中心与学生公寓（图5-10)、刘家琨设计的鹿野苑石刻博物馆（图 5-11）等等。尽管他们的创作还被称为“实验性”建筑，但是已经引起广泛关注，他们在创作尝试中致力于重新挖掘固定特征因素的环境意义表达功能，无疑具有非常积极的意义。张永和在《向工业建筑学习》一文中提到：“清除了意义的干扰，建筑就是建筑本身，是自主的存在，不是表意的工具或者说明它者的第二性的存在。”[3]在《基本建筑》一文中，张雷将“空间、建造、环境”定义为“基本建筑”的核心问题。他们意在寻求建筑的“本体性”而非“表现性”，但是他们所主张的“基本”的问题实际上都受到“意义的干扰”，建造、空间、环境、形式等概念无一不被地方文化与审美倾向所限定。他们认为基本自明的东西还是可能会还原成贯穿建筑文化层面的无所不包的问题，也就是说，“本体性”的语言还是被“意义”所浸染，而远非剔除“意义”本身。重新审视他们的主张和作品之后，可以发现这种“本体性”的语言就是围合空间的固定特征因素以及对建造逻辑的清晰表达。这无疑是对当下地方性建筑拼贴之风的有力的反抗，但是带着批判性的眼光来看，由于对半固定特征因素表达功能的彻底忽略，又使得他们的主张顾此失彼，其中或许还是缺少了“辩证综合”这一关键环节。

---

1 [美]弗兰姆普敦.现代建筑：一部批判的历史.原山译.北京：中国建筑工业出版社，1988，p389

2 被称为中国当代的实验性建筑探索，主要关注空间以及“建构”等问题，主要事件有1993年11月上海的“21世纪新空间”文化研讨会、1999年6月的“中国青年建筑师实验性作品展”等等。参见时代建筑，2002/05

3 张永和、张路峰.向工业建筑学习.世界建筑，2000/07

图5-10　南京大学学生活动中心与学生公寓

图5-11　鹿野苑石刻博物馆

要对建筑地方性要素进行辩证综合，前述两种特征因素都不可或缺。**环境意义的表达不仅体现在空间类型上，而且也体现在直观的形式语言上。在同一文化圈中，前者更多地反映了建筑的同一性，后者则更倾向于表现建筑的多样性。**在传统街道中，一般建筑都属于同一种类型，但在行进序列中，人们都能感受到丰富的多样性和深厚的人情味，除了空间布局本身的细微变化外，各家的个性化装饰和门口的陈设布局差异都是重要原因。在此，固定特征因素起到了统一风格和类型的作用，而半固定特征因素的作用则是在这统一基调下实现多样化和人情化。试想，如果剔除这些"意义的干扰"而寻求建筑"不可缩减的内核"，能否得到这样丰富的多样性？

对于如何运用固定特征因素或半固定特征因素来表达地方性，传统民居给了我们最有益的启示。中国地方传统民居的空间类型基本都是合院式，但各地的差别相当明显，根据不同的气候，院落空间的位置、大小、形状和开敞程度都不尽相同。半固定特征因素进一步强化了的差异性。皖南民居的马头墙、岭南民居的丰富色彩、藏羌民居的梯形窗等，都是体现建筑地方性的典型要素（图5-12）。在传统民居中，这两种特征因素有机结合，反映了地方自然气候特征和人文特色，地方性被完整地传达。

现代日本茶室是一个完美结合两种特征因素的当代例证。日本建筑师从1950年代起开始着手简化传统建筑数寄屋（茶室），演化出了一种具有现代理念又不失传统趣味的建筑形式。崛口舍己（Sutemi Horiguchi）在1960年代设计的一个茶室，堪称其中的典范之作。它从空间格局到细部装饰都有浓厚的传统意味，但是在结构、构造和形式上都简洁有力，符合现代建筑技术特征。通常认为，装饰性要素的应用会削弱现代建筑空间的简洁性和表现力，但该建筑通过简化的格栅图案和精心设计的材料质感，将简洁的空间赋予了浓厚的人

图5-12 同时运用固定和半固定特征因素表达地方性的中国传统民居

文气息（图 5-13）。它是现代的，同时又是传统的。

2. 文化调适——地方风格的创新

(1) 适应性文化的滞后现象

建筑与建筑技术都可归类为物质文化，制度文化与观念文化可归类为非物质文化，技术的进步和革新出现于物质文化领域。从社会趋势上看，非物质文

图5-13 Sutemi Horiguchi在东京的一个茶室作品

化最终必然要适应物质文化的变迁。美国社会学家奥格本把非物质文化称为一种适应性文化，据此他提出文化滞后理论。他认为适应文化与物质文化的变迁并不是同步的，它总是落后于前者，这样就形成了文化变迁上的滞后现象[1]。文化滞后对技术社会化过程的影响也是客观存在的事实。技术总是在不断进步，而适应性文化变化较慢，所以它对技术社会化的影响在各个时期都存在，只是在表现的内容和方式上有所不同罢了。比如，当混凝土技术走向成熟的时候，人们审美意向依然附着于砖墙之上，且不惜在混凝土外墙上贴上面砖以取得“砖墙”的效果，混凝土技术本身的表现力被掩盖，有时，混凝土和钢材还被用来模仿木结构。中国20世纪初到70年代的几次地方性建筑复兴中，复兴的主题和内容都胶着于大屋顶形式，直至90年代它依然还出现于北京西客站这样的重要建筑物之上，并不惜以代价高昂的技术去再现这一历史符号。

适应性文化的滞后是一种客观现象，它一方面有利于传统文化的延续，另一方面，适应性文化的根深蒂固会对技术发展起制动的作用。意识形态观念上对传统形式的过分执着会影响现代建筑的发展及现代建筑技术的社会化，中国建筑界相当长的时期内都存在这样的困扰。国内当代的地方性建筑创作中，对传统形式的模仿依然最盛行，现代技术本身的发挥空间依然受到压制，在技术创新的前提下寻求地方风格创新的案例却不多见。**由于适应性文化的总体滞后是客观事实，所以更要求建筑师以理性批判的态度超越传统，以一种主动积极的态度去响应现代技术，在现代技术与地方传统文化之间找到恰当的结合点。**

(2) 传统与现代的辩证关系

当代建筑的地方性与传统建筑的地方性有着不同的属性，它们的技术平台截然不同。传统建筑文化与传统技术是相容的，当代建筑技术也需要与之相适应的建筑文化。中国建筑在现代性的道路上还有很长的一段路要走，观念上的解放须先行一步。在现代化尚未完成的中国，现代技术负荷的理性主义和现代建筑启蒙观念依然是我们不能抛弃的东西。正如前文所说，当代建筑的地方性

1 威廉·费尔丁·奥格本.社会变迁：关于文化和先天的本质.转引自陈凡.技术社会化引论：一种对技术的社会学研究.北京：中国人民大学出版社，1995，p104

并不与现代性相左，相反，它汲取现代性的精髓并强调现代性的延续性。现代性也脱离不开传统，任何当代创造性的工作没有绝对意义上的原创，它总是建立在过去事物和经验的基础之上。正是在这个意义上，伦佐·皮亚诺说道："记忆的意识与革新的愿望看起来是不和谐的，但是……没有对传统的爱和对过去的记忆，也就不存在现代性。"[1]

如何把握地方文化传统性与当代技术现代性之间的关系，是适宜技术文化策略的核心课题。武断的传统复兴与功利的技术至上在不同地区不同时期都曾上演过，中国建筑在这一问题上也是一直摇摆不定，几次的传统复兴都受意识形态倾向所支配，到了当代，地方性终于被重新纳入到了"现代性"的主线上。当代中国建筑的地方性依然缺少一种批判精神，或者说缺少理性的批判。地方性建筑作品要么用"弥补式的立面"来包裹现代技术，要么又呈现另一种激进的"先锋"姿态，建筑理论方面也是折中模糊的条纹多于具有现实指导意义的辨析论证。我们要问，"既是中国的，又是世界的"，"既是传统的，又是现代的"[2]，这种观点怎么去正确理解呢？这其中是不是存在导致杂烩拼贴的危险，结果是否可能既不是民族的也不是世界的。如果缺乏批判整合过程，这些疑虑将成为事实。**对现代或传统简单化地作取舍是非理性的行为。传统与现代之间时时保持着一种互为批判的张力，它要求人们以理性批判的态度看待任何一种选择。**

在当代要追求最佳文化效益，既要独创性地表达地方文化特色，又要以积极态度顺应现代技术的发展，创造性地发展地方文化。后者乃前者的基础。

(3) 批判的地域主义

弗兰姆普敦认为，建筑学作为一种批判性的实践需要采取"后锋"的立场，"要使它自己与启蒙运动的进步神话以及那种回归到前工业时期建筑形式的反动而不现实的冲动保持等同的距离"，同时"只有后锋派才有能力去培育一种抵抗性的、能提供识别性的文化，同时又小心翼翼地吸取全球性的技术。"[3]建筑理论家仲尼斯提出了"批判的地域主义"，这种理论主张采取一种"陌生化"的策略——从新的角度阐释传统建筑，使人产生异化之感。弗兰姆普敦发展了这一理论，并提出了"六要点"。总的来说，**"批判的地域主义"强调在抵抗现代建筑全球泛滥的同时对地方建筑文化自身的再创造**。它与拼贴式的大众主义有本质的区别，后者企图用简单化方式来恢复某种乡土风格，它所使用的主要载体是工具性的标记，而"这样一种标记产生的不是对现实的某种批判性的概

1 Edited by Kenneth Frampton. Technology Place & Architecture: the jerusalem Seminar in Architecture. Rozzilo International Publications, Inc, 1998, p132

2 国际建协"北京宪章". 建筑学报, 1999/6

3 [美]弗兰姆普敦. 现代建筑：一部批判的历史. 原山译. 北京：中国建筑工业出版社，1988，p395

念，而不过是通过提供信息使某种取得直接经验的愿望理想化”[1]。而**“批判的地域主义”则强调辩证综合之后的再创造。**

所以，与其在传统地方风格的模仿中寻求突破，倒不如倡导一种“陌生化”原则，充分发挥个人创造力。在个人创作中，对地方性要素的个性化处理有助于地方风格的创新，因为多样性来源于每一个对话者对特定问题的理性思考与解答方式。**任何理性的个人方式本身就包含了民族性与地方性的倾向，因为任何个人与他所处环境的关联都将影响他为朝向理性所选择的方式和作出的抉择。**

(4) 日本建筑师的实践——从模仿到超越

日本现代建筑具有鲜明的地方特色，许多日本建筑师的创作中都包含了传统文化的再思索。日本现代建筑的地方风格经历了一个从模仿传统到超越传统的发展演变，建筑创作中地方文化的表达方式也从“传承”和“转换”阶段走向了“创新”阶段。

早期的日本现代建筑是直接从传统建筑中生成的。1960 年代，一批有创新精神的年轻建筑师如吉田五十八、崛口舍己等人致力于传统数寄屋的简化再造。建筑所采用的技术已经初具现代概念，如在平面和结构布置上遵循模数和标准化原则，构造上强调交接节点的简约处理和几何关系，材料表面无修饰，这些都是现代建筑理念的体现(图 5−14)。1960 年代的现代建筑如香川县厅舍、东京国立美术馆东馆、京都国际会馆（图 5−15）等等，已经完全采用了现代建筑技术，并巧妙地利用钢筋混凝土技术来模拟日本传统建筑的比例和梁柱穿插方式。这些建筑受到社会的普遍赞许，这种创作方式培养了现代技术在民众中的亲和力，有助于现代技术的推广。

到了当代，日本现代建筑已经超越了简单的传统样式模拟，而是从空间感

图5-14　日本桂离宫御殿（左）和吉田五十八设计的北村住宅（右）

1　[美]弗兰姆普敦.现代建筑：一部批判的历史.原山译.北京：中国建筑工业出版社，1988，p396

图5-15　日本京都国际会馆（左）和东京国立美术馆东馆（右）

觉和神韵上寻求一种传统的呼应。黑川纪章所提出的“灰空间”就来自于对传统建筑空间的抽象总结，这种空间是介于建筑与自然之间、室内和室外之间具有缓冲性的第三空间，即“中间领域”。他认为灰空间是传统建筑中一种强有力的空间组织形式，“在现代建筑的创作中，灰空间可以使不同的材料、物质性与精神性进入“不连续的连续”或继承与同化的联系之中，使人们在材料、技术均已改变的现代场所中仍然能感受到传统的意韵，实现现代技术与传统文化的共生。”[1]他把这一概念贯彻到了建筑创作中去，以个性化的方式阐释了现代与传统的辩证关系。他设计的大阪国立民族学博物馆中，看不到传统建筑语汇的直接应用，但是各种尺度的庭院与室内空间的自然过渡关系使建筑空间依然具有传统的神韵(图 5-16)。日本建筑师以渐进的方式完成了对传统的超越，对具有相似传统文化的中国来说，很有启发作用。

图5-16　日本大阪国立民族学博物馆

(5) 印度建筑师的实践——气候导向的创新

与中国建筑师相比，印度建筑师受现代建筑思想的熏陶更深。西方许多现代建筑大师如勒 · 柯布西耶和路易 · 康等曾在印度留下他们的作品。印度现

1　郑时龄、薛密编译.黑川纪章.北京：中国建筑工业出版社，1997

代建筑师大多有在西方留学的经历，有的甚至直接与现代建筑大师合作过，深得现代建筑思想的精髓。与那些大师相比，印度建筑师们的作品更加能扎根于地方，这是因为他们更了解那儿的自然和生活。他们完全走出了一条独特的印度现代建筑之路。从总体上看，他们创作的现代建筑面貌既不同于西方现代建筑，又与印度传统建筑形象相去甚远。印度建筑师对传统形式或所谓的建筑风格持超然态度，他们更加注重的是气候特点、地方材料和地方技术等方面。

印度建筑师的实践非常具有参照意义，他们在处理传统与现代的问题上表现得更为成熟。他们的一大批年轻建筑师本身接受的就是西方现代建筑教育，但是他们在建筑创作中，坚持把西方建筑思想与印度本土文化相互融合，创造出了一种复杂多元的建筑风格，不仅在国际上得到了认可，同时也走出了一条印度自己独特的现代建筑之路。中国和印度有很多相似之处。两国都拥有悠久的历史与古老的文化，而且文化具有一定的连续性和稳定性；两国都是多民族国家，幅员辽阔，拥有丰富的建筑遗产；两国都是发展中国家的人口大国，人均资源匮乏，都面临经济发展、城市化、环境治理等方面的问题；两国都积极吸收西方现代建筑思想，在各自的发展中都面临如何将西方的经验和本国的传统结合的问题。印度建筑师立足于本土环境，从建筑的本质出发，根据本地区的自然地理、气候、宗教、经济以及社会条件，寻找解决问题的途径，他们既从乡土建筑获得启发，又运用现代科学技术加以创造和发展，并努力用自己的语言进行建筑创作。印度建筑师的地方性建筑作品不仅是现代的，而且有传统的文化内涵，注重文脉关系。他们对待传统所采取的正是“批判地域主义”所主张的“陌生化”策略，抛开了传统形式的模仿。

印度气候炎热，自古以来就有了处理阳光和阴影的有效经验：天井密布的城市肌理和层层出挑的沿街建筑令活动场所充满阴影和风凉；狭窄而弯曲的街道使得风沙无法畅通；建筑上的凉亭和遮阳格栅减少了阳光直射；透花格可以通风遮阳；半地下的建筑处理有利于隔热。当代印度建筑师从古人那儿继承的是技术手法，而不是传统形式本身。对阳光和阴影的理解，是他们建筑创作的灵感源泉。

里瓦尔（Raj Rewal）在国立免疫学院的设计中，重视营造室外阴影空间。他将以天井为核心的单元组团布置在起伏多变的地段上，再通过更大的庭院来组织组团，以此形成较多的室外阴影空间（图 5-17）。多西（B.V.Doshi）从地方技术中汲取灵感，将拱券结合半地下室的手法运用到桑加底（Sangath）建筑师事务所的设计中。由于减少了辐射热，室内空间凉爽舒适，炎热夏季也不需要使用空调（图 5-18）。柯里亚（Correa）在住宅设计中善于利用过渡空间防热，它们通常是凉亭、平台或者服务空间。在孟买的干城章嘉

图5-17　印度国立免疫学院

图5-18　多西设计的建筑师事务所以拱券结合半地下室

(Kanchanjunga) 公寓楼设计中，柯里亚将服务空间和屋顶平台包裹住主要空间，客厅和卧室都朝向有阴影的屋顶平台开窗。这样，热空气进入室内前被预冷。在不使用空调、风扇的情况下，室内外温差可达 10℃。剖面采用错层式，每一个单元的屋顶花园都有两层，不仅扩大的视野，也增加了建筑采光面积。建筑体型方整，凹入的屋顶平台和实墙产生强烈的虚实对比，而这样的建筑形式正是出自对气候特点的回应。整个建筑朴素无华，但是雕塑般的造型让人印象深刻（图 5-19）。带遮阳格栅的屋顶凉亭是柯里亚经常运用的建筑要素。他突破传统手法，把这一建筑语汇与现代空间构成手法相结合，使之表现出现代感。在印度天文天体物理学大学的教工住宅设计中，他将凉亭的遮阳格栅与入口立柱结合，创造了具有现代构成意味的空间效果（图 5-20）。

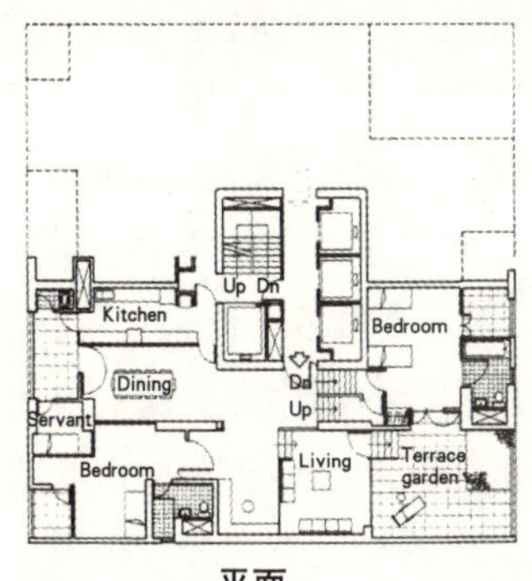

平面

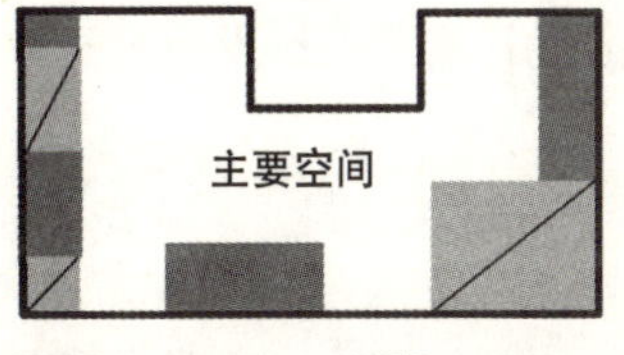

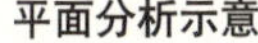

平面分析示意

图5-19　孟买Kanchanjunga公寓楼

中国和印度有着相似的国情，都幅员辽阔人口众多，都有悠久的历史和深厚的传统文化。然而两国发展现代建筑的思路却又如此不同。当中国建筑还停留在形式之争的层次时，印度建筑已经走上了一条更为理性的发展之路。

图5-20　印度天文天体物理学大学教工住宅

(6) 另一种实践——技术导向的创新

直接从地方技术中汲取灵感，是最容易接近地方性本质的创作方法。皮亚诺是一位对现代高技术有精深理解和熟练把握的建筑师，他的作品中，技术都是创作的重要灵感源泉。在新喀里多尼亚的奇芭欧（Jjibaou）文化中心设计中,他尝试了以现代高技术手段来展现具有原始土著风格的卡纳克斯(Kanaks)文化（图 5-21）。他的创作态度是，与其模仿历史陈迹或者简单地复制一个村落，不如努力地去反映当地土著文化及其象征，它们为时久远，却依旧活力盎然。他从当地棚屋的构造方式和“编织”工艺上获得启发，提炼出一种具有地方性的建筑语言。他把玻璃、钢材和木勒编织在一起，组成了一个个“棚屋”单元，开敞的木勒被海风吹过发出瑟瑟之音，建筑仿佛从环境中生长出来一样。

图5-21　新喀里多尼亚的奇芭欧（Jjibaou）文化中心

当地土著对此建筑的评价是："它已经不再是我们的了，但它仍然是我们的。"[1] 皮亚诺用高技术打造的文化中心与地方文化紧密地编织在了一起。

地方技术是与当地社会相容的技术，民众对地方技术有相当的认同感。此时，技术由于负荷了情感因素而已经超越了工具的层面，成为地方文化的物质载体。许多地方技术具有相当科学的内核，其外延的拓展以及与现代化手段的结合，使得它们至今仍然具有适宜性。如果说皮亚诺在奇芭欧文化中心的设计中较多的是从形态方面借鉴技术原型，那么从地方技术的功能内核出发进行再创造无疑是一种更接近技术本质的做法。利用高耸楼梯间烟囱效应拔风的技术，在古代欧洲城堡中被普遍使用。迈克尔 · 霍普金斯及合伙人在诺丁汉英国国内税务中心的设计中借鉴了这一技术，他们在建筑转角位置设置高耸楼梯间加强自然通风。虽然玻璃砖和钢材取代了石头和泥土，但是依然能唤起人们对于"城堡"的联想（图 5–22）。现代技术的运用使得风量可进行控制，塔楼的通风功能被进一步完善，在此，古老的地方技术通过再创造被提高到了一种新的层次上。

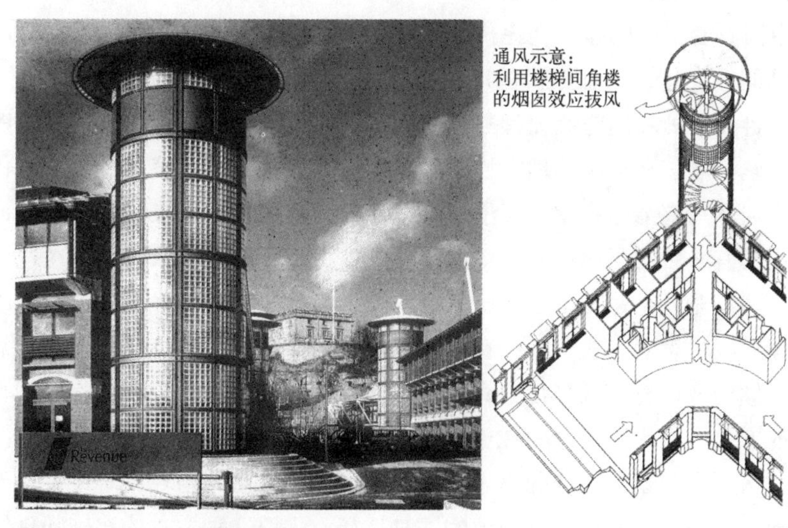

图5–22　诺丁汉英国国内税务中心

在卡塔尔大学的创作中，埃及建筑师 Kamal el–Kafrawi 从地方捕风塔技术中汲取灵感，从而建立了建筑与地方文化的纽带。卡塔尔大学采用适应于干热气候的低层高密度的建筑布局方式，而建筑的相互遮挡使得普通的通风方式不能满足需要，所以采用捕风塔是利用自然通风的最合理选择。建筑

1　转引自单军.记忆与忘却之间：奇芭欧文化中心前的随想.世界建筑，2000/09

师将传统捕风塔的基本原理用现代技术进行演绎，使其以简约现代的形式再现这一传统建筑语汇（图 5-23）。在解决了功能问题的同时，通风塔以其独特的造型使得建筑获得了地方文化特征。许多发展中国家的建筑师如印度的柯里亚、埃及的哈桑 · 法赛等，在创作中都很重视地方技术的提炼，并通过结合现代技术实现地方风格的创新。这种地方风格的创新同时也丰富了现代建筑本身的内涵。

卡塔尔大学外景　　当地传统捕风塔　　卡塔尔大学单元建筑通风示意

图5-23　卡塔尔大学基于技术传承的风格创新

(7) 中国当代乡土建筑语言

中国有着深厚的建筑文化传统，在前工业社会里就已经形成了具有地方代表性的乡土建筑，如西南的干栏建筑、西藏的碉楼、云贵的一颗印等等，莫不与自然环境和地方文化浑然天成。那是在传统技术基础之上孕育的地方建筑，它源自一种自发的地方性。到了当代，那些乡土建筑对今天的现代建筑创作依然具有启示作用。乡土建筑是历经岁月而积淀下来的宝贵财富，它的形成具有必然的逻辑性，聪明的建筑师往往善于从中汲取营养，通过自己的重新理解对乡土建筑语言进行新的诠释。当代建筑师对乡土建筑的再创造有不同层次的思考方式，其中有直接借用乡土建筑语汇的类似乡土建筑复兴的一种倾向，也有采取异化方式再现乡土建筑的倾向。前一种是急功近利的懒惰的方式，它的矛盾之处在于把传统形式从传统技术上剥离后直接嫁接到现代技术之上，缺乏深度的思考，它对形成积极健康的当代乡土风格并无裨益。而后一种方式或许是更谨慎的一种选择，采取这种方式的建筑师更倾向于立足于现代性，通过再现乡土建筑语言来表现具有地方性的空间意向和营造场所精神。

中国美术学院象山校区建筑群是新乡土建筑的代表之一。它采用合院串联的形式布置单体建筑，每一个建筑的院落形式都不同，各院落在第二层通过平台连通。建筑形式处理上借用了乡土建筑语言，白墙、灰瓦、披檐、编竹、木板墙等等都昭示了此建筑的乡土特色。虽然使用了这么多乡土建筑语言，但是建筑群在整体空间处理上还是具有明显的现代建筑精神。首先院落形态不拘一格，大小不一、开口方向不同，尤其重要的是竖向处理灵活多变，院落串联的空间序列简洁清晰。其次在建筑形体处理上基本是现代建筑手法，追求简洁体块的塑造。另外在构造上骨架是混凝土或钢，披檐、木板等都附着上面，现代构造技术与传统材料的组合产生了很有趣的效果。走在建筑群里，能体会到现代与传统交汇碰撞的那种微妙感觉。倘若它只是通过乡土建筑语言的运用来提醒人们这是乡土建筑的一员，那它就是失败的，但设计者通过自己独特的理解将它处理得不失现代精神，所以这一点上它是成功的（图 5-24 ~ 5-26）。

图5-24　中国美术学院象山校区建筑群

图5-25　中国美术学院象山校区建筑空间处理

图5-26　中国美术学院象山校区建筑细部处理

深圳第五园借鉴皖南徽派建筑以及聚落形态，将之用当代技术再现，使得建筑呈现出既现代又有传统意味的微妙状态。马头墙、漏窗、檐口等等都经过简化处理，形式简洁，符合当代技术特点。楼盘一般都是典型的商业项目，地产商以善于挖掘商业价值而著称，而在第五园的楼盘设计中，所挖掘的是传统民居的价值，这一点是值得赞赏的。另外，它不似一般的传统复兴的楼盘只是照搬一个民居原型，而是经过再提炼与再思索，让它以现代建筑的面貌出现，让它融合于当代技术，这一点更是难能可贵（图 5–27）。

图5–27　深圳第五园

挖掘传统建筑的价值已经越来越成为当代建筑界的一种共同行动，在近期不断出现乡土建筑语言的有一定影响的建筑方案设计。苏州市博物馆方案是贝聿铭事务所设计的，它以苏州传统建筑为原型。总体布局上以院落的形态组织空间，化整为零。单体设计上将传统建筑进行变异，局部借鉴了亭的形式构成（图 5–28）。广州市设计院的毛泽东遗物馆方案也运用了乡土建筑语言，同样，乡土语言也是以简洁现代的样式呈现（图 5–29）。

在这些当代乡土建筑创作中，乡土建筑语言是作为符号化的东西出现，但所幸的是它们并不是简单拼贴立面的做法，而是依据现代建筑构造特点进行了再加工，它们始终是围绕着“当代建筑”这样一种定位。钢结构技术在被大量

图5–28　苏州市博物馆方案

图5-29　毛泽东遗物馆方案

采用，这种技术在与乡土建筑语言的结合时展现了很强的适应性与包容力。钢作为线性结构杆件与木有很多相似的地方，而且钢的力学指标又优于木，其构造逻辑简洁清晰，材料表现力具有时代感，用钢代替木来展现乡土建筑语言具有很大的优越性。

小结　本章可简称为适宜技术之文化篇

本章首先论述了技术与地方文化的关系问题。适宜技术的文化效益体现在地方文化特色的独创性上。如何处理传统与现代之间的矛盾是适宜技术文化策略所要解答的核心问题。技术传播过程中，文化趋同与文化多元的可能性并存。要使技术文化表达多元化，关键在于技术的社会价值调适。首先要提倡通过文化的理性交流来达成共识，其次要主动地以地方社会文化对技术进行整合。在现代性的框架中寻求自己的特色模式成为当今各地区尤其是后发展地区的主要发展战略。

本章简略回顾了中国当代地方性建筑创作的历史路程。在意识形态的影响下，中国地方性建筑创作在相当长一段时期内都流连于传统形式的模仿上。当代地方建筑创作开始呈现多元化趋势，其中，寻求传统建筑形式的当代传承或转换依然是最普遍的创作思路。难以超越传统和对技术本身的忽略是当代中国地方性建筑创作的瓶颈。

本章最后提出了适宜技术的文化策略。它着重于解决两个问题——如何慎重使用技术以保护场所以及如何在场所的约束范围内发挥技术的最大功效。技术在文化领域的社会化调适可以归结为技术调适（技术与地方文化的融合）以及文化调适（地方风格的创新）两个方面。

在技术调适的论述中，引入了地方文化结构层次性和环境意义表达特征因素的概念。地方文化对现代建筑技术的整合是自上而下的——它首先依赖于观念层次和制度层次上的调适。通过对固定特征因素的研究，得出结论：将对应不同地方文化的传统空间组合进行分析归纳，能抽象出一些具有地方性的基本空间类型，用现代建筑技术重新予以表达，它们在携带地方文化“代码”的同时又符合现代技术的结构和构造逻辑。通过对半固定特征因素的研究，得出结论：将对应不同地方文化的半固定特征因素进行分析归纳，能抽象出一些具有地方性的基本建筑语汇，将这些基本语汇进行再演绎并通过现代技术重新表达，能实现地方性建筑的多样性。要对建筑地方性要素进行辩证综合，这两种特征因素都不可或缺。环境意义的表达不仅体现在空间类型上，也体现在直观的形式语言上。在同一文化圈中，前者更多地反映了建筑的同一性，后者则更倾向于表现建筑的多样性。

文化调适的论述中，首先正视这样一种事实：适应性文化的滞后是一种客观现象。所以更要求建筑师以理性批判的态度超越传统，在现代技术与地方传统文化之间找到恰当的结合点。传统与现代之间时时保持着一种互为批判的张力，它要求人们以理性批判的态度看待任何一种选择。要追求最佳文化效益，既要独创性地表达地方文化特色，又要以积极态度顺应现代技术的发展，创造性地发展地方文化。后者乃前者的基础。在创作态度中，倡导一种“陌生化”原则，充分发挥个人创造力，因为多样性来源于每一个对话者对特定问题的理性思考与解答方式。最后例举了一些具有创新性的地方性建筑作品，尤其是有相似国情或文化背景的印度和日本的地方性建筑作品，以期给中国地方性建筑创作带来启发。

图表索引

图 1–01　自绘

图 1–02　自绘

图 1–03　自绘

图 2–01　自绘

图 2–02　自绘

图 3–01　杨士弘编．城市生态环境学．北京：科学出版社，1995

图 3–02　参考董卫、王建国编著．可持续发展的城市和建筑设计．东南大学出版社，1999，p4

图 3–03　荆其敏、张丽安．世界传统民居——生态家屋．天津：天津科学技术出版社，1996，p128

图 3–04　百度图片

图 3–05　郑炜．迈向生态的高技术建筑．华中建筑 01/1999，p106

图 3–06　任怡．中国传统地方建筑适用技术的启示．重庆建筑大学硕士学位论文，p19

图 3–07　董卫、王建国编著．可持续发展的城市和建筑设计．东南大学出版社，1999，p151

图 3–08　整理参考自：

荆其敏、张丽安．世界传统民居——生态家屋．天津：天津科学技术出版社，1996

王其钧．中国民间住宅建筑．北京：机械工业出版社，2003

图 3–09　王其钧．中国民间住宅建筑．北京：机械工业出版社，2003，p153、192

图 3–10　戴复东．继承传统、重视文化、为了现代．建筑学报 09/1994，p38

图 3–11　Hasan-Uddin Khan,Contemporary Asian Architects,Taschen,1995，p129

图 3–12　董卫、王建国编著．可持续发展的城市和建筑设计．东南大学出版社，1999，p28

图 3-13　谢士涛．通风节能环保幕墙．建筑学报 2002/07，p30

图 3-14　夏云等编著．生态与可持续建筑．中国建筑工业出版社，2001，p34

图 3-15　西安建筑科技大学绿色建筑研究中心编著．绿色建筑．北京：中国计划出版社，1999，p231

图 3-16　夏云等编著．生态与可持续建筑．北京：中国建筑工业出版社，2001，p45

图 3-17　Norbert Lechner.Heating Cooling Lighting：Design Methods for Architects.John Wiley & Sons,INC.,2001，Norbert Lechner,p167，p147

图 3-18　西安建筑科技大学绿色建筑研究中心编著．绿色建筑．北京：中国计划出版社，1999，p234

图 3-19　夏云等编著．生态与可持续建筑．北京：中国建筑工业出版社，2001，p156

图 3-20　夏云等编著．生态与可持续建筑．北京：中国建筑工业出版社，2001，p162

图 3-21　王玉生、王瑞华、张家璋等编．被动式太阳房建筑图集．北京：中国建筑工业出版社，1987，p28

图 3-22　王玉生、王瑞华、张家璋等编．被动式太阳房建筑图集．北京：中国建筑工业出版社，1987，p13

图 3-23　中国建筑业协会居住节能专业委员会编著．建筑节能技术．北京：中国计划出版社，1996

图 3-24　中国建筑业协会居住节能专业委员会编著．建筑节能技术．北京：中国计划出版社，1996

图 3-25　Klaus Daniels.The Technology of Ecological Building.Berlin：Birkhauser Verlag,1994,p76

图 3-26　西安建筑科技大学绿色建筑研究中心编著．绿色建筑．北京：中国计划出版社，1999，p204

图 3-27　中国建筑业协会居住节能专业委员会编著．建筑节能技术．北京：中国计划出版社，1996

图 3-28　夏云等编著．生态与可持续建筑．北京：中国建筑工业出版社，2001，p100 ~ 101

图 3-29　Nick Baker. Energy and Evironment in Architecture. 1987,p128．转引自：王朝晖．中国当代可持续建筑理论框架与适用技术的探讨．清华大学博士学位论文，1999，p175

图 3-30 Klaus Daniels.The Technology of Ecological Building.Berlin：Birkhauser Verlag,1994,p42

图 3-31 Klaus Daniels.The Technology of Ecological Building.Berlin：Birkhauser Verlag,1994,p31

图 3-32 Klaus Daniels.The Technology of Ecological Building.Berlin：Birkhauser Verlag,1994,p31

图 3-33 G.Z.Brown,Sun.Wind & Light:Architecture Design Strategies. John Wiley & Sons,Inc.,2001,p19

图 3-34 毛刚、段敬阳．结合气候的设计思路．世界建筑，1998/01

图 3-35 G.Z.Brown,Sun.Wind & Light:Architecture Design Strategies. John Wiley & Sons,Inc.,2001,p140

图 3-36 余卓群、龙彬．中国建筑创作概论．武汉：湖北教育出版社，2002，p42

图 3-37 中国传统民居与文化——中国民居学术会议论文集．中国建筑工业出版社．转引自：任怡．中国传统地方建筑适用技术的启示．重庆建筑大学硕士学位论文，p36

图 3-38 Klaus Daniels.The Technology of Ecological Building.Berlin：Birkhauser Verlag,1994,p55

图 3-39 G.Z.Brown.Sun.Wind & Light:Architecture Design Strategies. John Wiley & Sons,Inc.,2001,p136

图 3-40 毛刚、段敬阳．结合气候的设计思路．世界建筑，1998/01

图 3-41 Klaus Daniels.The Technology of Ecological Building.Berlin：Birkhauser Verlag,1994,p69

图 3-42 G.Z.Brown,Sun.Wind & Light:Architecture Design Strategies. John Wiley & Sons,Inc.,2001,p203

图 3-43 夏云等编著．生态与可持续建筑．中国建筑工业出版社，2001，p112

图 3-44 Norbert Lechner. Heating Cooling Lighting：Design Methods for Architects.John Wiley & Sons,INC.,2001, Norbert Lechner,p145

图 3-45 夏云等编著．生态与可持续建筑．中国建筑工业出版社，2001，p122

图 3-46 G.Z.Brown,Sun.Wind & Light:Architecture Design Strategies. John Wiley & Sons,Inc.,2001,p206

图 3-47 G.Z.Brown,Sun.Wind & Light:Architecture Design Strategies. John Wiley & Sons,Inc.,2001,p185

图 3-48 G.Z.Brown,Sun.Wind & Light:Architecture Design Strategies. John Wiley & Sons,Inc.,2001,p186

图 3-49 G.Z.Brown,Sun.Wind & Light:Architecture Design Strategies. John Wiley & Sons,Inc.,2001,p191

图 3-50 Hassan Fathy. Natural Energy and Vernacular Architecture: Priciples and Examples with Reference to Hot Arid Climates. University of Chicago Press,1986, p124

图 3-51 毛刚、段敬阳．结合气候的设计思路．世界建筑，1998/01

图 3-52 G.Z.Brown,Sun.Wind & Light:Architecture Design Strategies. John Wiley & Sons,Inc.,2001,p137

图 3-53 Klaus Daniels.The Technology of Ecological Building.Berlin: Birkhauser Verlag,1994,p28

图 3-54 G.Z.Brown,Sun.Wind & Light:Architecture Design Strategies. John Wiley & Sons,Inc.,2001,p167

表 3-01 西安建筑科技大学绿色建筑研究中心编著．绿色建筑．北京：中国计划出版社，1999，p203

表 3-02 参见刘加平主编．建筑物理（第三版）．北京：中国建筑工业出版社，2000

表 3-03 参见 G.Z.Brown,Sun.Wind & Light:Architecture Design Strategies.John Wiley & Sons,Inc.,2001,p22

图 4-01 西安建筑科技大学绿色建筑研究中心编著．绿色建筑．北京：中国计划出版社，1999，p38

图 4-02 张兰生等编著．实用环境经济学．北京：清华大学出版社，1992，p317

图 4-03 自绘。参考张帆．环境与自然经济学．上海：上海人民出版社，1999

图 4-04 自绘。参考张帆．环境与自然经济学．上海：上海人民出版社，1999

图 4-05 自绘

图 4-06 自绘

图 4-07 自绘

图 4-08　自绘

图 4-09　参见张文泉．企业技术经济学．北京：中国电力出版社，2000，p42

图 4-10　陈凡．技术社会化引论：一种对技术的社会学研究．北京：中国人民大学出版社，1995，p88

图 4-11　Hassan Fathy，Natural Energy and Vernacular Architecture：Priciples and Examples with Reference to Hot Arid Climates. University of Chicago Press,1986,p125

图 4-12　Hassan Fathy. Natural Energy and Vernacular Architecture：Priciples and Examples with Reference to Hot Arid Climates. University of Chicago Press,1986,p181

图 4-13　Norbert Lechner. Heating Cooling Lighting：Design Methods for Architects.John Wiley & Sons,INC.,2001，Norbert Lechner，p167、p272

图 4-14　www.abbs.com.cn；

Norbert Lechner.Heating Cooling Lighting：Design Methods for Architects.John Wiley & Sons,INC.,2001，Norbert Lechner. p167、p180

图 4-15　Hassan Fathy. Natural Energy and Vernacular Architecture：Priciples and Examples with Reference to Hot Arid Climates. University of Chicago Press,1986,p119、p134

图 4-16　Norbert Lechner.Heating Cooling Lighting：Design Methods for Architects.John Wiley & Sons,INC.,2001，Norbert Lechner,p167、p167

图 4-17　自绘

图 4-18　Charles Correa.Housing and Urbanisation.Thames & Hudson，2000，p48、p50

Edited by James Steele.Archiecture for a Changing World. Great Britain：Academy Editions，p188

图 4-19～图 4-21　引自 www.abbs.com.cn

图 4-22　自绘，参考自：保尔·萨缪尔森．宏观经济学．华夏出版社，1999

表 4-01　西安建筑科技大学绿色建筑研究中心编著．绿色建筑．北京：中国计划出版社，1999，p52

图 5-01　北京市规划委员会，北京城市规划学会．北京十大建筑设计．天津：

天津大学出版社，2002，p176

图 5-02 建筑学报 1996/04-05，转引自：邹德侬．中国现代建筑史．天津科学技术出版社，2001，p298

图 5-03 建筑学报 1996/04-05，转引自：邹德侬．中国现代建筑史． 天津科学技术出版社，2001，p296

图 5-04 北京市规划委员会，北京城市规划学会．北京十大建筑设计．天津：天津大学出版社，2002，p118

图 5-05 M.A.Laugier. Essaisur I' Architecture. Duchesne. Paris，1753，p12. 转引自刘先觉主编．现代建筑理论．北京：中国建筑工业出版社，1999，p306

图 5-06 Charles Correa. Housing and Urbanisation. Thames & Hudson，2000，p53

图 5-07 华筑建筑网，http://www.abbs.com.cn

图 5-08 Hassan Fathy. Natural Energy and Vernacular Architecture：Priciples and Examples with Reference to Hot Arid Climates. University of Chicago Press,1986,p100

周曦、李湛东编著．生态设计新论．南京：东南大学出版社，2003，p68

图 5-09 Hassan Fathy. Natural Energy and Vernacular Architecture：Priciples and Examples with Reference to Hot Arid Climates. University of Chicago Press,1986,p106

Hasan-Uddin Khan.Contemporary Asian Architects.Taschen，1995，p79

图 5-10 张雷．基本空间的组织．时代建筑，2002/05，p82

图 5-11 刘家琨．此时此地．北京：中国建筑工业出版社，2002，p91

图 5-12 整理，分别参考：

王其钧．中国民间住宅建筑．北京：机械工业出版社，2003

单德启编著．中国传统民居图说：徽州篇．北京：清华大学出版社，1998

荆其敏、张丽安．世界传统民居——生态家屋．天津：天津科学技术出版社，1996

图 5-13 Hiroyuki Suziki,Beyner Banham,Katsuhiro Kobayashi. Contemporary Architecture of Japan 1958-1984. London：The Architectural Press Ltd，1985,p37

图 5-14 Hiroyuki Suziki,Beyner Banham,Katsuhiro Kobayashi. Contemporary Architecture of Japan 1958-1984. London: The Architectural Press Ltd, 1985,p16、p35

图 5-15 Hiroyuki Suziki,Beyner Banham,Katsuhiro Kobayashi. Contemporary Architecture of Japan 1958-1984. London: The Architectural Press Ltd, 1985,p79、p43

图 5-16 www.google.com

图 5-17 Hasan-Uddin Khan.Contemporary Asian Architects. Taschen,1995,p126

图 5-18 Hasan-Uddin Khan.Contemporary Asian Architects. Taschen,1995,p149

图 5-19 照片来自：Charles Correa. Housing and Urbanisation. Thames & Hudson, 2000, p37

图 5-20 照片来自：Charles Correa. Housing and Urbanisation. Thames & Hudson, 2000, p94

图 5-21 周浩明、冯文静译 . 伦佐 · 皮亚诺自然之魂木建筑奖 2000. 东南大学出版社，2002

图 5-22 世界建筑 2000/04, p50

图 5-23 Udo Kultermann. Contemporary Architecture in the Arab States. McGraw-Hill, 1999, p186-187

G.Z.Brown,Sun.Wind & Light:Architecture Design Strategies. John Wiley & Sons,Inc.,2001,p188

图 5-24 ~图 5-26 作者拍摄

图 5-27 ~图 5-29 引自 www.abbs.com.cn